我的第一本
家居装修入门书

MY FIRST PRIMER
OF DECORATING

庄新燕　等编著

机械工业出版社
CHINA MACHINE PRESS

本书以整体装修流程为主线，深入浅出地为读者提供了一步到位的装修攻略。本书共划分了装修前必读篇、选材与验收必读篇、色彩运用必读篇、软装搭配必读篇、空间规划必读篇、不可不知的收纳篇6章，紧凑且合理的章节划分，能够满足不同读者的需求。在每个知识点下，都附带线上参考案例，丰富阅读体验，为读者提供了更实用、更丰富的参考内容，将参考案例在线上呈现，使内容更翔实、丰富，做到局部与整体、线上与线下的搭配参考，增强了本书的实用性。

图书在版编目（CIP）数据

我的第一本家居装修入门书 / 庄新燕等编著. —北京：机械工业出版社，2022.2
ISBN 978-7-111-70048-7

Ⅰ.①我… Ⅱ.①庄… Ⅲ.①住宅–室内装修–基本知识 Ⅳ.①TU767

中国版本图书馆CIP数据核字(2022)第013490号

机械工业出版社（北京市百万庄大街22号　邮政编码 100037）
策划编辑：宋晓磊　　　　责任编辑：宋晓磊　李宣敏
责任校对：刘时光　　　　封面设计：鞠　杨
责任印制：张　博
北京利丰雅高长城印刷有限公司印刷

2022年3月第1版第1次印刷
145mm×210mm·6.5印张·248千字
标准书号：ISBN 978-7-111-70048-7
定价：49.00元

电话服务　　　　　　　　网络服务
客服电话:010-88361066　机 工 官 网：www.cmpbook.com
　　　　010-88379833　机 工 官 博：weibo.com/cmp1952
　　　　010-68326294　金 书 网：www.golden-book.com
封底无防伪标均为盗版　机工教育服务网：www.cmpedu.com

关于装修的那些事儿,零零碎碎,总让人有种理不清头绪的困扰。《我的第一本家居装修入门书》是一本以家庭装修整体流程为主线编写的可以为读者带来灵感的装修启示图书。

熟知当下家庭装修中的重点热门话题,了解如何与装修公司、设计师进行有效的沟通与交涉;如何在装修前做好充足准备;如何快速掌握装修后的监理与验收,这些都是初次装修时,业主需要了解的一些装修知识,也是装修小白必修功课之一。本书围绕以装修入门常识、环保选材、施工验收、配件选择、色彩搭配、软装布置、空间布局规划、整理收纳等与家庭装修密切相关的内容,结合当下热门的装修话题,深入浅出为读者答疑解惑,让读者了解装修流程,达到无论是装修前、装修中还是装修后都能少走弯路的效果。

本书共分为装修前必读篇、选材与验收必读篇、色彩运用必读篇、软装搭配必读篇、空间规划必读篇、不可不知的收纳篇6章,合理、紧凑的章节划分,可以满足不同读者的诸多需求。同时在每个章节的知识点中穿插搭配了更多的实践案例,读者通过扫描书中二维码即可在线观看相关案例展示,线上、线下紧密结合,轻松、快捷地实现立体式阅读。充分强调实用性与高性价比是本书的最大亮点。

参加本书编写的还有许海峰、何义玲、何志荣、廖四清、刘永庆、姚姣平、郭胜、葛晓迎、王凤波、常红梅、张明、张金平、张海龙、张淼、郇春元、许海燕、刘琳、史樊兵、史樊英、吕源、吕荣娇、吕冬英、柳燕。

Contents 目录

第5章　空间规划必读篇

第1章
装修前必读篇

本章介绍家装施工的前期准备工作，包括装修施工流程、施工承包方式、工程进度规划、工程质量监理、施工基础以及安装施工等内容，为装修的顺利进行奠定良好的基础。

1 装修前的准备工作

⚓ **要点提示：**

关于设计师 + 关于装修公司 + 关于预算报价 + 施工前的量房 + 家装监理 + 装修所需材料

No.1▶ 关于设计师

设计师可分为两种，一种是家装公司的设计师，收费不高，有的家装公司为了招揽生意还会提供免费设计服务；另一种是独立设计师，收费较高，优点是设计图全面，能跟踪整个装修过程。

设计师应具备的基本素质

熟悉人体工程学尺寸，比业主考虑的更加周详。如一间卧室中吊灯的合理高度，射灯应距离墙面有多远，灯的开关设置在哪里更合适等。

成熟的设计师都有自己擅长的风格，可以通过查看设计师以往的作品，多看多问，以增进对设计师的了解。

明确自己的设计需求

无论有无装修经验，对自己房子的设计都有着美好的憧憬与实用需求，如卫生间的干湿分区，洗手台的开放式设计，为智能马桶预留电源等问题。业主应毫无保留地将这些需求告知设计师，必要时可以将详细的需求列成表格，以便与设计师一起探讨方案的可实践性。

与设计师沟通的小技巧

跟设计师第一次见面，可以聊一些日常生活小事，谈一些与自己日常生活习惯相关的话题。如家里是否有老人居住，儿童年龄，自己的兴趣爱好等，这些看似零散琐碎的话题，正是反映了我们日常生活中的真实需求，设计师在掌握了这些信息后，才能设计出更让人满意，方便生活的住宅。

No.2 ▶ 关于装修公司

在选择装修公司前,首先应认准装修公司的资质,然后看公司的营业执照,确认是否有正规的办公地点,有无合格的票据与证书等。接着了解装修公司施工工程的水平,为其他业主制作的效果图等。装修公司的利润值取决于装修公司的承包比例,即清包模式、半包模式、全包模式和套餐模式。

与装修公司初步洽谈的切入点

不同的正规装修公司利润率相差不大,但是设计力量和售后服务区别较大。因此在与装修公司洽谈的初期,应先将预算和想要的效果与装修公司进行详细的洽谈。

货比三家,巧妙避开行业潜规则

在装修圈儿里推荐产品,赚取回扣,基本是行业中不能避免的潜规则,回扣一般为5%~30%。这些被推荐的产品不能说不好,但一定是施工中必不可少的产品,让人无法拒绝。最好的避雷方式是业主自己通过不同渠道多方面获取商品信息,了解不同渠道的商品价格,货比三家,这不仅对比的是价格,还能对商品属性进行了解,有效地将额外支出降到最低。

○ 各类装修模式,比比看

1 清包模式

优点: 业主购买所有材料,装修公司只负责安装与施工

适合人群: 有充足的时间和精力的业主

缺点: 对于初次装修的业主操作起来难度较大,可能会买到假冒伪劣产品

2 半包模式

优点: 业主负责购买主材,装修公司负责辅材并完成施工与安装

适合人群: 有充足的时间和精力,了解装修流程的业主

缺点: 花费的时间和精力并不会比清包模式少

3 全包模式

优点: 施工和材料都由装修公司负责

适合人群: 没有充足的时间,但是有一定经济能力的业主

缺点: 价格水分较大

4 套餐模式

优点: 由全包演变而来,可选范围更多样化

适合人群: 有特殊要求的业主

缺点: 套餐模式通常会带有一些隐藏消费

施工团队怎么选

根据其装修的承包模式不同,可以将施工团队分为三类:

1)游击型施工队。此类施工队是指没有营业执照和专业职业资格证书的零散施工人员。水电阶段找水电工,瓷砖阶段找瓦工,吊顶阶段找木工,每个工种都由业主联系,材料全由业主买,施工过程由业主自己负责监理,选择这类施工团队对于业主来说是省钱不省心。

2)有工长带领的施工队。一个工长可能会挂靠在多个线下线上平台,此类平台是能够快速提供信息的地方,平台也会收取一部分费用。

3)装修公司的施工队。装修公司将市场上各种零散的资源整合起来,能为业主提供项目经理、设计师、监理、工长和工人。此类施工队的管理比较严格,收费价格也比前两种高。

No.3 ▶ 关于预算报价

一般装修的预算都是以装修工程设计图、装修效果图进行计算的,装修预算中的人工费、材料费、施工耗损费都是装修预算费用中的主要指标。

充分明确装修中所涉及的费用

装修预算可大致分为硬装施工、设备部分、材料部分、软装、电器等五个类别。在装修前,将装修过程中涉及的项目,都进行详细的预算和规划,对整个装修预算进行一个简单的梳理,以避免在施工过程中不停地增加预算,也能有效地控制装修过程中各个项目的采购。此外,设计费、人工费、管理费也应被计算在内。

装修报价中的那些坑

1)层层加价,致使装修费用大幅增加。有些装修公司、工长层层转包家装工程,装修项目"细化分类"后又被加价等,成了推高家装市场价格的"黑手"。

2)转换材料计量单位。通常,材料市场的材料价格都是按照多少钱一桶(一组)、多少钱一张等标价方式来出售的。而装修公司向业主出示的报价单,很多主材都是按照每平方米、每米来报价的,如涂料、板材等,巧妙转换材料计量单位,是某些装修公司赚取利润较常用、隐藏的手法。

3）不如实做预算。由于装修行业竞争比较激烈，部分装修公司在做预算时，经常会有意将一些项目略去，再加上一些打折的手法，这样做出的预算往往会比其他公司低。但由于没有跟业主把具体装修材料说得很清楚，在使用装修材料时，可能会出现使用假冒伪劣、不环保材料等情况，而业主一旦要求使用高品质、环保的装修材料，装修公司便会要求加价。

4）利用多报损耗赚取利润。无论瓷砖、地板，还是吊顶，有些装修公司在报价单上会设定一定损耗比例。但业主很难核算实际损耗，多余的耗损材料就成为装修公司的利润。

🔍 不同装修方式的报价，比比看

1 空间报价　空间报价顾名思义就是根据房子的居室数量、卫生间数量，是否有衣帽间、杂物间等，将每个空间所需装修费用作为单独的一项来报价，这样不仅有着清晰明了的预算规划，还能让施工过程更透明

2 需要根据现场情况报价　一份报价单是无法完全归纳装修中涉及的所有金额的。其中水电改造会根据现场实际情况进行报价，最后再根据实际的操作来结算，因此可以口头约定一个浮动的价格区间，这样更有益于报价的精准性

3 主辅材的浮动报价　一份详细的报价单，除了工程项目，还应包括施工中所使用主辅料的品牌、型号、规格、单位、数量、单价、损耗量、人工费、合价以及施工工艺全部详细情况

合理估算硬装花费

装修预算不能做到精准，但是多数人都会有粗略的规划，因为任何形式的计算结果也都只能算作基本的装修费用，实际花费都会更高。

以毛坯新房为例，高档的精装修，硬装费用=建筑面积×（1500~1600）元/m^2；如果是精致的一般精装修，硬装费用=建筑面积×（1000~1100）元/m^2；如果是普通的简约装修，

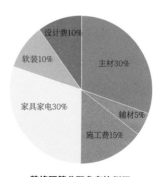

装修预算分配参考比例图

硬装费用=建筑面积×(700~800)元/m²; 如果是建筑面积×(400~500)元/m²的装修费用, 则属于简易装修。

提前了解建材行情很重要

装修前了解建材的唯一途径就是常到建材市场、建材超市、专卖店等了解情况, 由于很多建材都有供货期, 短则一周, 长则一个月, 所以提前了解需要的装修材料是施工顺利进行的基本保障。在不了解市场价格的情况下, 等到需要时才去买, 可能会花高价, 使装修预算超标。

网购建材到底靠不靠谱

网络渠道购买建材, 可以选择品牌旗舰店, 这样就不易出现买到假货的情况, 因为正规品牌的网络旗舰店和线下实体店的产品是一样的, 售后服务也相当完善, 而退换货也许更方便、快捷。

▶ 装修支招 ·······································

实体店砍价

建材市场的实体店中很多建材的价格都是虚高的, 相同材料在不同的地点出现几倍的差价是很正常的。要买到低价商品, 时间很重要, 可以避开周末, 周末的买家多, 不利于砍价。还有就是不要一进门就砍价, 可以先了解商品信息, 再进行砍价

No.4 ▶ 施工前的量房

量房的目的是为了让设计师和业主都能够更有效地了解房屋信息。

需要量房的情况

在新房装修前应先做方案, 没有设计图就需要先量房, 对于方案已经做好的情况, 由于原图不精准, 也是需要量房的; 旧房改造则更需要进行精确的量房。由此可见, 量房是装修前一件不容忽视、不能马虎的准备工作。

量房的必要性

精准的量房, 便于设计师对房屋进行合理的设计规划, 业主则可以根据工程量精准地进行整体预算预估, 还能使施工队的施工更加严谨。

量房所需工具

量房需要的工具有钢卷尺、数码照相机、纸、笔，笔最好是两只不同颜色的，有益于区分各种标记，还应准备一个板夹，方便记录数据和绘制草图。

通过量房获得翔实的房屋信息

量房不仅可以确定房屋户型，门窗、暖气、空调等位置的信息，再次明确剪力墙、分体墙的分布位置；还能确认天然气、进户水管的位置以及进户后水管的走向及确定分管数量；下水管离墙的距离，使平面布置、预算和施工更方便。除此之外，还可了解诸如采光、朝向、空气质量、居住噪声、室外环境等户型图上没有的信息。

量房时最容易忽略的小细节

量房时房屋的层高不要漏量，因为在做吊顶时需考虑层高。房梁的高度与宽度也一定要测量，如果漏量，那么施工图和实际现场尺寸容易对不上，出现做出来的实际效果和效果图不一样的情况。

No.5 ▶ 家装监理

家装监理可以让业主真正地感受到省时、省力、省钱的方法，他们能够代表业主，依据业主与装修公司双方签订的合同，审核装修合同、审核设计方案、审核设计图、审核工程预算、查验装饰材料、查验装修设备、隐蔽工程验收、工艺做法检查、工程进度监督、工程质量检查、协助业主验收等，以最大限度地保障业主的利益。

家装监理的主要职责

家装监理提供的是技术服务，其主要任务是"三控两管一协调"，即控制投资、控制进度、控制质量，合同管理、信息管理，以及协调各方关系。具体的内容与业主选择的监理服务种类及签订的监理合同有关。

出色的家装监理应具备的条件

家装监理应为复合型人才，既具有较高学历和专业知识，又懂得与家庭装修相关的经济、法律和管理方面的知识，并具有丰富的家装实践经验，除此之外，还应有良好的品德及健康的体魄，以及充沛的精力。

▶ 装修支招 ·····

请家装监理就能保证家装工程款透明?

家装监理提供的服务与业主选择的监理服务类型有关,全程监理服务中的"三控两管一协调",跟踪业主装修全过程,可以保证工程造价相当的透明度;若是单项监理服务,至少也能保证其监理的部分透明化

家装监理的好处

1 预算报价审核	避免出现高估冒算、重复计费、施工工艺及材料说明不明确,为施工留下偷工减料空间的情况
2 施工图审核	避免因水电、装修图设计标注不完善而导致不合理增项和预算外费用增加
3 施工合同审核	避免因签订不规范施工合同,从而无法保证业主合法权益,增加事后维权成本
4 水电隐蔽验收	水电工程施工复杂,出现问题损失大,后果严重,专业监理验收水电,可确保不存在质量和安全隐患
5 工程质量过程监理	材料验收,质量检查,过程监控,防止偷工减料,以次充好,打造放心无忧工程
6 工程竣工验收	功能检查,安全测试,把好最后质量关,让业主轻松快乐装修,无忧入住

▶ 装修支招 ·····

如果家装监理不负责怎么办

作为装修业主的甲方是需要与家装监理公司签订授权委托合同的,如果监理人员出现任何问题,都应由家装监理公司负责,相关的细节可以在签订监理授权委托合同中做出约定

家装监理的选择

监理与业主的关系是受权者和授权者的关系,是一种平等的合同关系,与装修公司的关系是监理和被监理的关系,也是一种平等的关系,想要选择最佳的监理,必须注意以下四点:

1)好的监理都有高度的工作责任心和很强的工作原则。

2)好的监理都了解和掌握正确的施工程序。

3)好的监理都能准确而全面地掌握具体项目的设计施工图以及业主与装修公司签订的施工合同。

4)好的监理都具有相关部门颁发的监理资质证书。

🔍 家装监理流程图

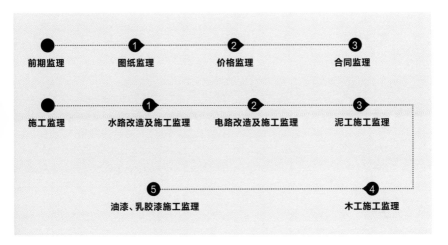

No.6 ▶ 装修所需材料

无论是选择全包模式、清包模式还是半包模式,都必须在装修施工前对在装修中使用的主材、辅材做到了如指掌。

装修中不可不知的主材

主材包括木门、防盗门、窗户、橱柜、瓷砖、吊顶、地板、油漆涂料、壁纸、石材、坐便器、卫浴五金、灯具等,主材一般都是成品。购买主材时,应规划好时间,如木门、橱柜、窗户都需要制作周期,窗户大约两周左右,木门和橱柜周期更长,都在一个月左右。

装修的辅材

辅材主要包括水电材料、腻子、胶水、水泥、防水涂料、石膏板、其他五金小件等。在购买时最好找专业的人或者第三方监理帮忙看一下，避免购买到以次充好，甚至假冒伪劣的材料。

扫码获取
主材与辅材购买清单

🔍 不同阶段，各类材料购买顺序

1 设计方案阶段	进行新风、地暖、中央空调的订购
2 水电入场之前	安排力工砸墙，厨房橱柜尺寸测量，订购厨房电器、卫浴洁具，窗户换新等
3 水电施工中	订购墙砖地砖、地漏五金、过门石和窗台板
4 瓦工施工中	更换入户防盗门、木门，购买美缝剂、集成吊顶，橱柜复尺、全屋定制量尺
5 油工入场前	订购乳胶漆、壁纸、地板
6 油工施工中	订购开关、插座、窗帘、灯具、家具，全屋定制复尺
7 油工完工后	进家具家电、软装配饰、开荒保洁

▶ 装修支招

主辅材安装的先后顺序，是装修最终效果的最佳保障

提前选好家具、家电尺寸与插座、开关并进行合理搭配，避免遮盖；木门的定制应在过门石安装后，这样才不会有误差；定制衣柜应在吊顶完工后进行，严丝合缝，美观度高

2 装修开工阶段

扫码获取
家庭装修施工基
本流程示意表

⌂ 要点提示：

基础施工 + 水路施工 + 电路施工 + 构造施工 + 铺装施工 + 涂装施工

No.1▶ 基础施工

基础施工在确定好房屋的装修风格后展开，按照设计图对墙体进行改造，拆除或砌筑墙体，清除原有墙面的污垢，对空间进行重新规划，并通过放线定位等方式，制作施工必备的脚架、操作台等。基础施工的有序施行是为后续的施工奠定良好的施工基础，能很好地确保后续工程的正常开展。

▶ 装修支招

房屋改造拆除建筑主体时应确保安全

建筑主体的改造经常出现在空间重新规划的情况下，进行建筑主体的拆改时必须确保施工安全，很多老旧的房子一般门洞所在的墙体是承重墙，这些墙体是绝对不允许随意改造的

正确认识墙体结构，让拆除工作更合理

拆墙是装修中的必修课，而拆墙的目的是为了拓展居室空间，变化交通动线，让居室更加宜居。什么样的墙可以拆除，什么样的墙不能拆除，应有个良性准则。通常厚度小于180mm的墙体，拆除总面积应小于20m²，厚度大于180mm的墙体，如果需要拓展流通空间，建议在墙体上开设一个宽度在120mm左右的门洞，这样既不破坏承重结构，又能达到周整空间动线的目的。卫生间、厨房等区域的墙体需要拆除或改造，在完工后应重新做防水，防止日后墙体发霉。

🔍 基础施工中各类拆除项目

1 墙体拆除	承重墙不能拆除；连接阳台的墙面属于配重墙，不建议拆除；墙体改造和拆除应严格参照施工图进行拆除，杜绝暴力施工
2 顶面拆除	顶面承重梁不能拆除；避免破坏各种电路管线；原顶面的龙骨、装饰开始和结束时应清理干净
3 墙面清理	对原有的壁纸、墙漆进行清理时，拆除墙皮或壁纸后应对基层进行处理，为后续施工打好基础
4 原墙改造	原墙改造包括木质踢脚线、护墙板、装饰线等铲除工作，应避免暴力施工，不能损坏墙体和地面
5 门窗拆除	原有门窗拆除时应避免对墙体造成破坏；注意清理和修复门窗洞口
6 卫生间洁具拆除	拆除卫生间洁具时应保护好上下水系统，防止后期堵塞或漏水；可以二次利用的洁具尽量保留
7 地面找平	地面处理应保持水平、平整，每平方米内落差不能超过3mm；卫生间地面找平后应做防水，并做封闭的试水测验

▶ 装修支招 ··

如何分辨承重墙

　　1）看户型图，在房屋户型图中，工程图上标注为黑色的墙体都是承重墙

　　2）看墙体厚度。非承重墙都比较薄，一般在10cm厚左右，用手拍一拍，有清脆的回声。而承重墙一般厚度在24cm以上，敲起来没有回声

平整的界面，让后期施工更有保障

墙体经过拆除、加固、修补后，还应做好界面找平，也就是将准备装修的每一面墙体表面清理平整，确保没有凹坑或凸起等瑕疵。

墙体加固，让二手房的改造更安心

二手房的墙体难免会出现开裂、变形等问题。墙体加固最常用的方式是整体加固，即先凿除原墙表面抹灰层后，在墙体两侧增设钢筋网片，然后采用水泥砂浆或混凝土进行喷射加固，这种方法简单有效，能提高墙体的承载力。

二手房的墙体修补，不走过场

墙体出现裂缝，不仅影响美观，如果不经过修补，也会存在一定的安全隐患。可以用钢丝网挂接在出现裂缝的墙体两侧，再抹上水泥砂浆进行修补，这简化的钢筋混凝土加固方法，施工非常方便，操作也很简单。

▶ 装修支招 ··

房屋改造拆除中配重墙体别乱拆

配重墙是指阳台与室内空间间隔的墙体，一般有一门一窗，这堵墙的门窗可以进行拆改，但是窗以下的墙体不能随意拆除，因为配重墙起着挑起阳台的重要作用，特别是飘阳台，更需要这堵配重墙的帮助，拆除后会造成阳台承受力下降，抗震效果减弱，而且也存在阳台下坠的风险

No.2 ▶ 水路施工

家装中的水路管线为暗装施工，管线都应埋设在墙体、地面装修结构中，以保证装修效果上的形式美观与使用安全。

水路的改造与布置

水路改造是指在现有的水路结构上进行管道调整，水路布置则是对水路结构进行全新的布局规划，水路施工主要分为给水管施工与排水管施工两种。在施工前应绘制比较完整的施工图，最好能亲自到场与施工人员进行清晰的沟通与交接。

🔎 水管走天还是走地，比比看

1 水管走天	**优点：**①方便日后检查和维修；②如果出现漏水问题不会漏到楼下，避免影响邻居，引起纠纷 **缺点：**①需要多用大约三分之一的水管，费用也相应增多；②为了遮挡这些水管，也需要做一定的吊顶处理，同样需要增加部分费用；PPR管理论上的寿命是在地下50年，但是在空气中寿命会缩短
2 水管走地	**优点：**①比水管走天更节省材料，整体费用低；②水管使用寿命长 **缺点：**①如果水管出现问题不易维修，需要将地板或地砖撬开；②如果出现问题的地方在地板下方，地板需要更换；③如果漏水，可能会殃及楼下邻居，需要赔偿一定的费用

🔎 水管是明装还是暗装，比比看

1 水管明装	明装是管道沿墙、梁、柱、天花板下、地板旁外露铺设。其优点是造价低，施工安装、维护修理都很方便；缺点是由于管道表面积灰、产生凝水等，影响环境卫生，有碍房屋装修的美观度
2 水管暗装	暗装是管道在地面、吊顶下或在管井、管槽、管沟中隐蔽敷设。暗装优点是卫生条件较好、美观。缺点是施工造价高，维修不方便。因为它是隐蔽工程，如果因选用的饮用水管或施工出现问题而导致漏水，后果较为严重，全新装修可能毁于一旦

▶ 装修支招

明装、暗装可根据水管材质决定

明装与暗装的优缺点在一定条件下是可以转变的，这主要是由水管的材料决定。如果选用塑料管，明装铺设确实不太可行，因为塑料管容易老化褪色，影响美观，更重要的是它的卫生性能不太好；如果选用薄壁不锈钢水管，那它明装的效果比暗装更佳，因为它的管壁光亮美观，容易清洗，更重要的是它的卫生性能良好，外观大方

PPR水管也有冷热之分

PPR水管有冷热之分，PPR热水管通常会用红线标识，而冷水管则使用蓝线标识。除了标识不同之外，它们在规格和价格等方面也有差别。PPR热水管需要承受的压力往往比冷水管高，所以，外径相同的PPR热水管一般会比PPR冷水管厚，稳定性也更强。PPR冷水管虽然无法在高温下长期工作，但因为其价格相对较低，且具有卫生无毒等特点，很受市场欢迎。

二次防水的钱不能省

二次防水就像为防水做了双重保险，将漏水的概率大大降低。一般来讲，毛坯房卫生间一般都是做好防水的，二次防水是在开发商做的防水层上面用水泥砂浆做2~3cm的保护层，然后再做一次防水，等于给卫生间又添了一层保护。

这样做可以轻松验收水路改造

首先应试验各个出水口的使用情况，开启所有水龙头、热水器等，试验是否所有的出水口都能出水畅通。再通过打压试验，来判断水管管路连接是否可靠，打压前应关闭水表之前的进户节门，打压后静置半个小时，如果打压器的指针回落不超过0.05MPa，就可以判断为无渗漏。最后再通水测试，检验管道是否畅通。

▶ **装修支招**

卫生间的水路支招

卫生间水管选择"走天"，并且包保温棉，这样若日后水管爆裂、漏水能够被及时发现。上下水管也最好包上隔声棉，这样就听不到楼上冲马桶的声音。在做防水时，淋浴区至少应做到1.8m高，卫生间门口防水应做挡水坝，以避免用水时水顺着过门石的缝隙流到外面，导致墙体发霉。在安装淋浴房时，提前把基石预埋在地砖里，这样能够避免地砖铺完后有防水坡度，导致基石无法放平

No.3 ▶ 电路施工

电路与水路一样，都属于家庭装修中的隐蔽施工。电路比水路更加复杂，其安全性是所有家居装修的重点，电线型号的选择及改造需要经过专业的预算与测试，不能盲目使用。

电路的改造与布置的原则

第一个原则就是保证安全用电，其实就是要求对所有的回路都做到相应的保护，避免短路、过载和漏电的现象出现。

第二个原则就是使用起来方便。从电路布置上来说，要求将家中不同的用电类型划分成不同回路。如普通插座回路、照明回路、厨房电器回路等，有效合理的划分，方便不同需求的用电。

第三个原则就是实用性和操作的方便性。所谓的实用性和操作的方便，是指当家中的电路出现故障后不会导致家里所有的用电都受到影响。不把所有的回路都布置在一起，也为维修提供了方便。

电路施工选材准则

1）电线。电线包括带有绝缘保护的单股铜芯线、$1.5mm^2$的照明用线、$2.5mm^2$的插座用线、不小于$4mm^2$的空调用线、黄绿双色的地接用线以及用于开关的火线。

2）电线管。导线在线管中不能有接头，必需对接头处进行涮锡处理；管壁的厚度应为1.2mm，电线管内的电线总截面积不要超过管内壁面积的40%。

3）开关、插座。尽量选择开关手感灵活的开关，插座的铜片要有一定的厚度。

🔍 电路的布置，比比看

1 电路走天	1）电路布好后，后期施工中不容易受到破坏，易于施工保护 2）不会对墙面进行过多的破坏，降低后期墙漆开裂的可能性 3）如果不是活线，线路出现问题需要维修时，顶面和墙面破坏后相比地面容易修复 4）可以实现活络线，这样检修时装饰面都不会被破坏
2 电路走地	1）布线方便，易于实现活络线 2）不会对墙面进行过多的破坏，降低后期墙面开裂的可能性 3）不影响日后在墙面安装其他装饰物品 4）易于实现活络线，这样检修时装饰面都不会被破坏 5）节约空间高度，不用大面积吊顶，也就节约了装修支出
3 电路走墙	1）电路布好后，后期施工中不容易受到破坏，易于施工保护 2）线路出现问题需要检修时，墙面破坏后相比地面更容易修复 3）节约空间高度，不用大面积吊顶，也就节约了装修支出

🔍 电路改造施工流程图

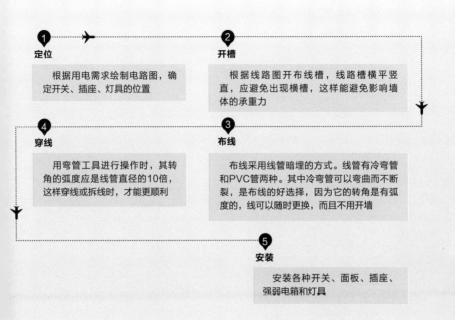

明确区分弱电与强电

1）弱电。弱电一般是指直流电路，像音频、视频线路、网络线路以及电话线路这类的电流统称为弱电，它的电压一般在36V以内，是对人体接触相对安全的电流。

2）强电。相对于弱电而言，强电指电工领域的电力部分，家用电器一般都是连接强电，它的电压一般是220/360V。

电路布线的标准

1）弱电宜采用屏蔽线缆，这样做可以避免造成信号干扰。

2）电路走线把握"两端间最短距离走线"原则，不绕线，保持相对程度上的"活线"。

3）如果开发商提供的强电电管是PVC管，二次电改造时，宜采用PVC管，不宜采用JDG管（套接紧定式镀锌钢导管），否则很难实现整体接地连接，从而留下后患。

4）电路改造设计方案应与实际用电系统相匹配（特别是二手房）。

5）电路设计时应充分掌握厨房、卫生间及其他功能区家具、电器设备尺寸及特点，才能对电路改造方案做出准确定位。

No.4 ▶ 构造施工

吊顶和墙体是家庭装修中的主要构造,其不仅需要大量的装饰材料,制作工期也比较长,对施工工艺的要求较高。

适合做吊顶的材料

在一般家庭装修中最常见的吊顶选材为石膏板、胶合板、金属扣板、塑料扣板等。可以根据业主的需求选择不同材质和造型来打造不同形式的吊顶,营造出别样的装修格调。

集成吊顶的可取之处

集成吊顶是将照明、换气、取暖、扣板等模块整合在一起,因其安装十分便利,功能更加全面,美观度更高,已经逐渐成为家庭装修中的主流。一般集成吊顶的板材有铝扣板、覆膜板、高分子板、PVC板等材料。

🔍 不同材质的集成吊顶,比比看

1 铝扣板	**优点:** 以铝合金板材通过模压成型得到的扣板。质地轻便耐用,使用寿命较长,防火、防潮性能较好,是最适合厨卫的集成吊顶材料;抗氧化性较好,不容易腐蚀生锈 **缺点:** 杂牌铝扣板会用回收铝扣板制作,容易生锈
2 覆膜板	**优点:** 在铝扣板的表面覆上一层保护膜,可提升板材性能及使用寿命,更加耐脏防污,抗腐蚀、防霉,抗刮性能更强,日常打理也比较容易 **缺点:** 杂牌覆膜板覆膜不环保,有害健康,而且覆膜技术不好会有气泡出现
3 高分子板	**优点:** 高分子板是高强度的复合材料,装饰效果更加灵动富有变化,有层次感;寿命更长,比普通扣板更耐酸碱、防霉,还有天然抗菌的效果 **缺点:** 高分子板包括了很多复合材料,价格稍贵

🔎 不同材质的集成吊顶，比比看（续）

4 PVC板	**优点：** PVC板是最为常见的集成吊顶材料之一，基本可以理解为是塑料扣板。其价格便宜，经济实惠，防潮防霉效果不错，是常见的卫浴吊顶材料 **缺点：** 即使不遇水，也容易变色老化，寿命不长

▶ **装修支招**

吊顶施工基本要求

　　吊顶的选材无论选择哪种材料制作，最基本的施工要求是表面光洁平整，不能产生裂缝。当房间跨度超过4m时，一定要在吊顶中央部位起拱，并保证中央与周边的高差不超过20mm。施工时应特别注意吊顶与周边墙面的衔接，最好设置装饰线进行掩盖修饰

适合做隔墙的材料

　　隔墙的主要作用是将空间根据需求划分，更加合理地利用好空间，满足各种家装和工装用途。其主要选材为玻璃、木材、轻质砖、石膏板等，除了合理的选材，还可以根据不同的设计需求，在墙面制作各种装饰造型，让普通的隔墙化身为装饰的亮点。

🔎 不同材质的隔墙，比比看

1 玻璃隔墙	采用钢化玻璃，具有抗风压性、寒暑性、冲击性等优点，所以更加安全、牢固和耐用，而且钢化玻璃打碎后对人体的伤害比普通玻璃小很多。样式方面可以选择单层、双层或艺术玻璃
2 木材隔墙	**木夹板：** 也称胶合板、细芯板。由三层或多层1mm厚的单板或薄板胶贴热压而成 **装饰面板：** 是将实木板精密刨切成厚度为0.2mm左右的微薄木皮，以夹板为基材，经过胶粘工艺制作而成的具有单面装饰作用的装饰板材 **细木工板：** 两片单板中间粘压拼接木板而成，价格便宜，其竖向抗弯压强度差，但横向抗弯压强度较高。板材的选用，首先要考虑其环保性

◎ 不同材质的隔墙，比比看(续)

3 轻质砖隔墙	轻质砖有加气混凝土砌块、轻集料混凝土砌块、陶粒混凝土砌块等轻型砌块，有保温、吸声、质轻等特点，十分适合用于室内隔墙的施工中。其良好的平整度，可以在施工后不用做粉刷，能够节省下一部分的开支
4 石膏板隔墙	石膏板隔墙是用石膏薄板或空心石膏条板组成的轻质隔墙，可用来分隔室内空间，具有构造简单，便于加工与安装的特点

No.5 ▶ 墙、地铺装施工

墙、地的铺装工程也被称为家庭装修中的"面子工程"，施工技术含量高，是非常耗费工时的施工项目。

墙面铺装的要点

墙面铺砖前需要仔细检查墙面砖的尺寸、色差、品种，若有图案设计，应检查每一件产品的色号，防止混淆。然后应对施工墙面进行基层处理，预排时要注意在同一面墙上横竖排列，不应出现一行以上的非整砖，铺设完毕后应用长尺横向校正，确保横线与竖线的水平和垂直。

▶ 装修支招

房屋改造时的墙体加固提示

旧房装修中，墙体开裂或变形是不可避免的常见问题，面对这种情况推荐使用整体加固的方式对墙面进行修补和加固。所谓整体加固就是在墙体的两侧都铺设钢筋网片，再用水泥砂浆或混凝土进行加固，整体加固的方式简单有效，能够提高墙面的承载力

🔍 墙面铺装施工流程图

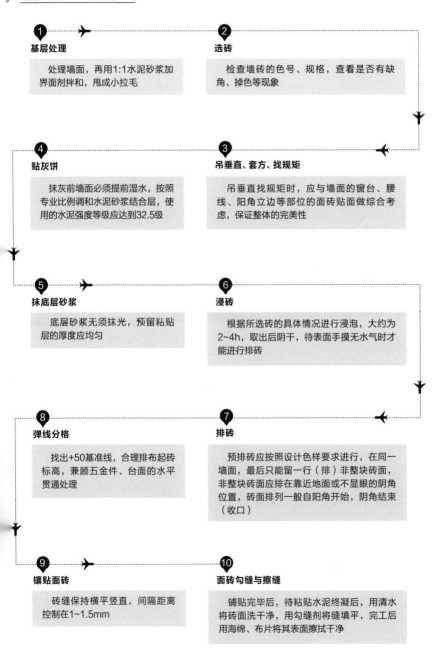

1 基层处理

处理墙面，再用1:1水泥砂浆加界面剂拌和，甩成小拉毛

2 选砖

检查墙砖的色号、规格，查看是否有缺角、掉色等现象

4 贴灰饼

抹灰前墙面必须提前湿水，按照专业比例调和水泥砂浆结合层，使用的水泥强度等级应达到32.5级

3 吊垂直、套方、找规矩

吊垂直找规矩时，应与墙面的窗台、腰线、阳角立边等部位的面砖贴面做综合考虑，保证整体的完美性

5 抹底层砂浆

底层砂浆无须抹光，预留粘贴层的厚度应均匀

6 浸砖

根据所选砖的具体情况进行浸泡，大约为2~4h，取出后阴干，待表面手摸无水气时才能进行排砖

8 弹线分格

找出+50基准线，合理排布起砖标高，兼顾五金件、台面的水平贯通处理

7 排砖

预排砖应按照设计色样要求进行，在同一墙面，最后只能留一行（排）非整块砖面，非整块砖面应排在靠近地面或不显眼的阴角位置，砖面排列一般自阳角开始，阴角结束（收口）

9 镶贴面砖

砖缝保持横平竖直，间隔距离控制在1~1.5mm

10 面砖勾缝与擦缝

铺贴完毕后，待粘贴水泥终凝后，用清水将砖面洗干净，用勾缝剂将缝填平，完工后用海绵、布片将其表面擦拭干净

地面铺装的要点

地面铺装前应找平, 铺设时应提前做好调整, 用量尺进行预排, 这样能够避免端头缝隙过大或过小; 施工时通常是先刷墙, 后贴脚线, 注意对墙面的保护, 避免施工时污染到墙面; 卫生间、厨房的地面应做好防水, 地面处理应有一定的倾斜度, 这样可以方便排水。

🔍 地面铺装施工流程图

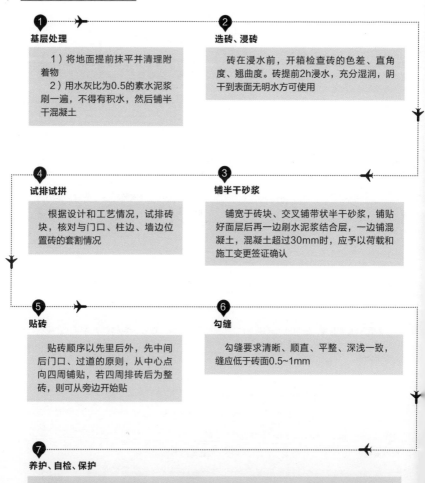

① 基层处理

1)将地面提前抹平并清理附着物
2)用水灰比为0.5的素水泥浆刷一遍, 不得有积水, 然后铺半干混凝土

② 选砖、浸砖

砖在浸水前, 开箱检查砖的色差、直角度、翘曲度。砖提前2h浸水, 充分湿润, 阴干到表面无明水方可使用

④ 试排试拼

根据设计和工艺情况, 试排砖块, 核对与门口、柱边、墙边位置砖的套割情况

③ 铺半干砂浆

铺宽于砖块、交叉铺带状半干砂浆, 铺贴好面层后再一边刷水泥浆结合层, 一边铺混凝土, 混凝土超过30mm时, 应予以荷载和施工变更签证确认

⑤ 贴砖

贴砖顺序以先里后外, 先中间后门口、过道的原则, 从中心点向四周铺贴, 若四周排砖后为整砖, 则可从旁边开始贴

⑥ 勾缝

勾缝要求清晰、顺直、平整、深浅一致, 缝应低于砖面0.5~1mm

⑦ 养护、自检、保护

铺好的砖, 3d内不得重压、上人和受振动; 3d后检查有无空鼓、铺贴不平、缝宽不一致等缺陷; 对铺贴好的砖24h内, 应洒水养护, 养护时间不能小于7d, 铺贴好的地面应采用纸制品、木板类、地毯覆盖瓷砖加以保护

▶ 装修支招

房屋改造拆除中的地面拆除提示

  房屋改造拆除的质量才是关键，必须保证拆除完整，地面清理干净；如果是铺设了地暖的地面，拆除就更要格外小心，外露的暖气管口要塞好，防止杂物掉入；厨房卫浴砸地砖的时候，也需要把地漏和下水口塞好，防止杂物掉入管道造成堵塞

地面找平方式，比比看

1
水泥砂浆
地面找平

优势：适合于各种地面、地板铺设前的找平

缺点：找平的厚度较厚，一般在25～35mm，水泥砂浆配比不合适时，容易使面层粉化起砂、起灰及产生裂纹

适用环境：房子举架高、暖气片采暖、实木地板铺设前找平和复合地板铺设前找平

2
石膏地面找平

优势：可用于地面局部找平，不增高地面，地面找平的厚度大概在5～20mm，对房间高度几乎不会产生影响，而且干燥速度快，价格相对来说比较便宜，施工方便

缺点：只能用于小范围内的找平

适用环境：房间平整度略好，地面较为光滑，而局部有不平的地方

3
自流平地面找平

优势：不离析(水泥灰浆中各种成分在整个施工过程中和水反应后不会分离)，不起砂，不起尘，不裂纹；它的收缩率也比较低，通常在千分之0.3～0.4；施工厚度较薄为2～5mm，施工完成后4~8h表面可以走人，36~48h后可进行地板铺装

缺点：不可以做局部，需整屋做

适用环境：适合地面安装地热的房间，因为找平的厚度较薄，不会影响地热的热传导；适合举架比较矮的房间，因找平厚度很薄，所以不会影响室内的高度视觉感

▶ 装修支招 ⋯⋯⋯⋯⋯⋯⋯⋯⋯⋯⋯⋯⋯⋯⋯⋯⋯⋯⋯⋯⋯⋯⋯⋯⋯⋯⋯⋯⋯⋯⋯⋯⋯

地砖出现空鼓或松动该怎么办？

先用小木槌或橡皮槌对地砖进行逐一敲击，在空鼓处做好标记；将空鼓或出现松动的地砖掀开，将地面和地面砖背面的残留砂浆去掉，并对砖体进行清洗、浸水、晾干；重新刮一层胶粘剂，压实拍平即可

填缝剂与美缝剂的区别

填缝剂主要成分是无机材料，其不仅防水性能差，而且擦洗时污水容易混入瓷砖缝，越擦越黑。美缝剂防水防油污性能优于填缝剂，不易藏污纳垢，但是有收缩下凹，色泽差，容易脱落等缺陷。

地面铺装是选地板还是地砖

地面铺装的选材，可以根据家庭人员的流动量多少来决定，如果人员比较多，则适合选择地砖，因为，地砖在打理方面比地板更有优势；反之，则可选择地板。这个建议，一般是指家里的客厅部位，卧室里面还是选用地板为好。

⌕ 选木质地板还是地砖，比比看

1 木质地板	**优点**：美观、耐用；脚感好，有着比较好的舒适感；采用地热采暖保温性能好；价格稍便宜，而且施工简便、免费安装 **缺点**：受天气及湿度影响较大；需要定期保养；水浸后容易变形起翘；有甲醛释放；使用寿命相对较短
2 地砖（瓷砖）	**优点**：容易清理、方便打扫、保养简单，不易藏污、无空气污染物；耐磨性好，使用寿命长，一般可以使用10~20年；防火、防水、防腐性能佳；环保；造型、尺寸丰富 **缺点**：使用舒适性、保温隔热性差；个别瓷砖会有放射性污染；成本高，铺装复杂、施工烦琐；在潮湿的天气容易打滑，地砖（瓷砖）的使用区域具有局限性

▶ 装修支招 ···

房屋改造拆除中的卫浴拆除

　　瓷砖拆除是卫浴拆改的施工关键，拆除时尽可能不要太过于暴力，避免破坏墙地面，以保障卫浴的防水能力（若瓷砖拆除后露出黑色的聚氨酯类的防水，也是需要铲除的。因为原防水层和新施工墙面极容易出现粘贴不牢固造成空鼓脱落的情况）。插座和水龙头附近的瓷砖拆除应格外小心，需先明确电线和水管的走向，以防施工时损坏电线和水管

No.6 ▶ 涂装施工

　　涂装施工包括乳胶漆涂刷、壁纸铺装、油漆涂刷等一系列涂装施工项目，它们是涉及每个家居装饰的最基本的施工项目，也是细节要求极高的施工项目，能有效提升家居装饰效果。

基层处理不能含糊

　　任何一种涂装项目，基层的处理都要求平整、光洁、干净，需要进行腻子填补、多次打磨、表面涂装施工才能呈现最完美的效果。界面基层的处理工作虽然简单，但是重复性高，且都需要认真操作，是一项极其考验耐性的工作。

二手房的墙面基层处理要求

　　基层处理是保证施工质量的关键环节，如果墙面是旧墙，需要先将表层湿水后刮除，干透后辊涂一遍光油。如果是旧房但基质良好，则使用粗砂纸打磨一至两遍即可。为了保证墙面平整，至少刮两遍腻子。

铲墙皮的原则

　　铲墙皮就是对墙面进行基础处理和检查，以确保装修完成后的美观和质量。如果是已经粉刷了腻子的墙面，首先应将原来的所有白色腻子全部铲除，直至见原底层面。然后检查墙面是否有裂缝或者高低特别不平的坑或者其他杂物。如果是没有粉刷的墙面，就需将水泥层表层脱落的沙石扫掉，以便确认是否有裂缝或者不平整或被杂物污染。

🔍 选乳胶漆还是壁纸，比比看

1 乳胶漆	**优点**：造价低廉，施工工艺不复杂；可以灵活调色至符合配色方案，日后维护、修补也十分方便 **缺点**：虽然可以调色，但颜色过于单一，没有任何花纹。一些深色漆很难把握，没有专业设计师的参与，不要轻易尝试
2 壁纸	**优点**：装饰性上，花色、质感选择面广，装饰效果是乳胶漆很难实现的，如条纹的对比会使房间更有层次，纵向的条纹可以有拉伸空间视觉的效果。还能通过或大或小的图案，来调节房间的空间感。功能性上，可以起到很好的吸声效果，尤其是表面经过凹凸处理的壁纸类型 **缺点**：如果基层没有处理好，壁纸很容易出现接缝、空鼓、翘边的现象；壁纸存在色差，如果是不同批次的产品色差可能会更大；不利修补，壁纸如果发生比较严重的破损，则需要整幅（壁纸单幅宽度）重新铺贴，不能修补；施工造价比乳胶漆高

让壁纸和乳胶漆两者相互中和

针对新建墙体、原有墙体开裂或修补数次无效的情况，可以考虑选择基础花色或素色壁纸，造价不高，又可以对墙面进行遮盖和修补；设计使用深色或跳跃的颜色，而乳胶漆又很难把控的情况下，可以挑选壁纸，壁纸的颜色之所以好把控，是因为其表面有肌理，光照对颜色的影响小于乳胶漆，达到展现颜色但却不夸张的效果；如果希望墙面具有温润感，可通过降低声音反射或铺贴壁纸，让墙面更有质感；若想利用线条、图案、质地反差弥补空间的不足或打造空间，可以通过选用不同的壁纸种类来实现。不是一个房间内都需要满贴壁纸或使用同一种花色，而是将需要突出或弱化的墙面使用一种壁纸，其他墙面使用另外一种壁纸，以达到主次分明和降低造价的目的。壁纸和乳胶漆可以共用，一面或多面使用壁纸，其他墙面使用乳胶漆，也是一种常见的解决方案。

▶ **装修支招**

厨卫墙面能不能刷漆？

卫生间湿气大，厨房油烟多，这是厨卫装修更多选择贴瓷砖的重要原因。如果不贴瓷砖而选择刷漆，常打理墙面会非常麻烦

🔍 厨卫墙面能不能刷漆，比比看

1
瓷砖耐脏，可以擦拭、清洗

环境的特点：在厨房这种有油烟、食物、调味剂等混杂的区域，首要考虑墙面材质的耐脏性

如果刷漆：漆的耐污能力明显比瓷砖差，一旦弄脏必须马上擦洗，且不一定能够彻底清除

2
砖耐水、防霉

环境的特点：厨房用水较多，而卫生间用水情况就更为复杂。瓷砖可以长期浸泡在水中，不会出现起泡、变形、开裂、变色、老化等问题，完全耐水

如果刷漆：就算漆本身是可以耐水的，但漆必须直接刷在水泥上，否则就算是耐水腻子在卫生间淋浴的情况下也会脱落

3
瓷砖防磕碰、耐磨

环境的特点：厨卫空间一般不大，业主平常与墙面发生磕碰和摩擦几乎是必然的。而瓷砖表面硬度非常高，不会因为刷蹭而留下划痕

如果刷漆：但凡有磕碰，必有损坏。尽管漆是可以修补的，但补了之后可能会出现色差，并不完美

4
预留面就是贴砖墙面

环境的特点：新房厨卫墙面一般都会留好已经做了拉毛的墙，这面墙就是为了粘贴瓷砖方便，可以有更好的黏结强度

如果刷漆：铲平拉毛，重做找平，再刮腻子，最后刷漆。工序增加，整体的性价比也不高

木工油漆施工要点

1）油漆所用材料必须符合设计要求，产品质量符合有关标准要求。

2）涂漆前应根据工艺特点和气温情况选择适宜的油漆黏度，防止出现流坠、刷纹。

3）涂漆前检查基层的含水率及表面处理情况，应将表面的灰尘、污垢、毛刺、缝隙、凹凸不平等处理干净。

4）涂漆过程中每次刷漆的漆膜不宜太厚，一般应控制在50~70μm。

5）涂刷油漆应以从外向内、从左到右、从上至下的顺序顺着木材纹理进行涂刷。

6）油漆完成后应及时检查验收，发现问题及时处理，做好成品保护工作。

3 装修后的安装工作

🔔 **要点提示：**

卫生间安装施工 + 厨房设施安装 + 门窗、定制家具、灯具的安装

No.1 ▶ 卫生间安装施工

安装卫生间洁具时，应当遵循的原则是其施工不能影响到居室的总体结构。如果有一些管道需要从房子的墙体、梁、柱等处穿过，应当在装修的拆改阶段以及水电改造阶段就事先预留好孔洞。

🔍 卫生间安装施工流程图

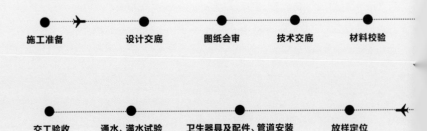

施工准备 → 设计交底 → 图纸会审 → 技术交底 → 材料校验

交工验收 ← 通水、满水试验 ← 卫生器具及配件、管道安装 ← 放样定位

各类洁具安装要则，比比看

1 面盆的安装

洗脸台的台面高度一般在80cm左右，**有沿面盆**在安装时，沿口应在洗脸台的台面之上；**无沿面盆**在安装时，沿口应紧贴台面底部位置。面盆与台面相接的位置，需用密封膏进行抹缝处理，避免在日常使用时，水漏进台面内部

2 坐便器的安装

安装坐便器前，注意坐便器的排水结构是否与排水管道方向一致。另外，还应留心坐便器的坑距大小与预留的排水管道位置是否适合。坐便器的安装，应安装得正且直。水箱的安装，应在坐便器的核心线上，确定位置后，将其固定在墙面上。水箱与坐便器之间应垫上橡胶垫片，垫片应平整完好。水箱固定好后，再安装水箱内的其他配件

3 浴缸的安装

放置式的浴缸注意进、出水口的位置。安装好后，在浴缸内放水测试，排水时出水口未出现渗漏，则表示浴缸的安装没有问题
嵌入式的浴缸注意防水问题。同时，浴缸底部也应留好检验口，以便对浴缸排水进行检验

4 地漏的安装

地漏的安装一般先于卫生间其他洁具的安装，在铺贴瓷砖的进程中，就能够同时将地漏安装好。安装好的地漏，箅子的顶面应当低于地面的高度，安装好后，应将箅子取下保管，避免在施工中丢失。同时对地漏进行封堵，避免装修进程中掉入杂质堵塞通道

墙砖整体采用工字形拼贴手法，虽然整体都是白色，但也不会显得过于单调；利用墙体结构打造壁龛，解决了小浴室的收纳问题，使整体器具的安装更加合理

No.2 ▶ 厨房设施安装

厨房、卫生间应是先做好水电,厨房应先确定烟机、灶具、水槽的位置,冷热水管改到水槽柜里,烟机边上留好插座。卫生间确定好热水器、洗手盆、热水器电源以及吊顶浴霸灯具电源的位置。做好水电工程后再做防水和铺砖,瓷砖铺好后固定吊顶,测量柜子尺寸,最后装橱柜。

⌕ 厨房设施安装流程图

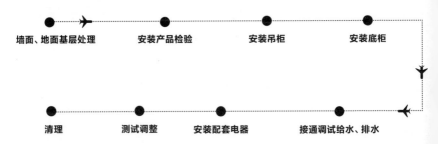

墙面、地面基层处理　　安装产品检验　　安装吊柜　　安装底柜

清理　　测试调整　　安装配套电器　　接通调试给水、排水

厨房柜体安装要点

吊柜的安装应根据不同的墙体采用不同的固定方法。底柜在安装前应先调整水平旋钮,保证各柜体台面、面板均在同一个水平面上,两柜连接使用木螺钉,后背板通管线、表、阀门等应在背板画线打孔。安装洗物柜底板下水孔处应加塑料圆垫,下水管连接处应保证不漏水、不渗水,不得使用各类胶粘剂连接接口部分。

厨房水槽安装的要点

安装不锈钢水槽时,需保证水槽与台面连接缝隙均匀,不渗水。安装水龙头时,不仅要求安装牢固,而且上水连接不能出现渗水现象。

厨房电器安装的要点

抽油烟机的安装,注意吊柜与抽油烟机罩的尺寸配合,达到协调统一。灶台的安装不得出现漏气现象,检验方法是安装后用肥皂沫检查是否安装完好。

嵌入式电器在安装时注意水、电、气的管路以及相关的插头、插座、阀门等位置情况。一般来说,插座及阀门的位置应安排在电器的一侧,设在后面会出现因深度不够而导致电器不能安全到位的情况发生。

No.3 ▶ 门窗、定制家具、灯具的安装

门窗、定制家具、灯具的安装工作是整体家居装修的收尾工程,细节的把控尤为重要,整体体现了装修工程质量的好坏,也是家居装修的点睛之笔。

门窗安装前应具备的基本条件

首先应保证门窗洞口已经按设计要求施工完毕,并且已经画好门窗安装位置的墨线;然后检查洞口尺寸是否符合设计要求,对于有埋件的门窗洞口,还应检查预埋件的数量、位置以及预埋方法是否符合要求,如有纰漏应及时修正。

▶装修支招

铝合金门窗安装应注意的7大细节

1) 安装前进行放样校核,检查预埋件的数量和位置是否符合设计要求

2) 铝合金门窗上墙之后,用木楔块调整定位,再用射钉固定,注意禁止使用铁钉、木楔固定。嵌缝处理前对门窗的垂直度、水平度、对角线角度进行校核,嵌缝后木楔块应及时取出,避免遗忘在缝内

3) 门窗上墙前应作防腐、防锈处理,尤其是窗框的表面应粘保护胶带。特别注意的是朝墙面的窗框不得有保护胶带的存在,以免造成结合部位连接不紧密的结果,导致防水性能差,从而导致缝隙渗水漏水

4) 铝合金窗框与墙体间注入防水胶时必须在墙体完全干燥后进行

5) 在铝合金门窗安装完成后,应先清除保护胶带,再开始安装玻璃和窗扇

6) 在铝合金门窗的玻璃和窗扇安装完成后,检查配件是否漏装、安装是否牢固、窗扇启闭是否灵活,验收前外开平开窗应关闭,防止疾风暴雨造成窗扇的损坏

7) 铝合金门窗清洁时不得使用对铝型材、玻璃及五金配件有腐蚀性的清洁剂

定制家具安装前应具备的基本条件

1) 检测包装是否完好无损。若包装有破损,应要求现场安装人员开箱检查包装破损部位对应的家具,是否有磕碰、有划伤等运输问题。

2) 开箱后检测收到的产品的外观或者颜色,是否完全符合订单要求。

3) 如果有玻璃制品或者塑料制品,建议检查是否有破碎或者变形等情况出现。

灯具安装前应具备的基本条件

1）安装前检查灯具及配件是否齐全，保证无机械损伤、变形、油漆剥落和灯罩破裂等情况。

2）依据灯具的安装位置及用途，确保引向每个灯具的导线线芯最小截面符合有关标准的规定。

3）在砖石结构中安装照明装置时，应预埋吊钩、螺栓、螺钉、膨胀螺栓、尼龙塞或塑料塞固定，严禁使用木楔，同时应保证上述固定件的承载能力与照明装置的重量相匹配。

🔍 不同样式灯具安装条件，比比看

1 吊灯的安装	吊灯的安装可采用预埋件、穿透螺栓及胀管螺栓紧固。胀管螺栓的规格应根据灯具的重量来决定。其中，安装单头吊灯的胀管螺栓的规格最小也不能低于6mm，多头吊灯不能低于8mm，螺栓数量至少为2枚
2 吸顶灯的安装	吸顶灯可用胀管螺栓紧固或用木螺钉在预埋木砖上紧固。其规格需要根据灯具底座的大小、形状和灯具重量来决定。采用胀管螺栓紧固吸顶灯时，吸顶灯底座直径超过100mm时，其螺栓直径不得小于6mm，而且必须用2枚螺钉紧固
3 壁灯的安装	安装壁灯首先需根据底座的构造判断是否采用底台（底台一般是用木板自制，木板厚度应大于15mm，表面涂刷装饰油漆）。将壁灯固定在底台上，再通过灯位盒的安装螺孔旋入螺钉来固定，也可以在墙面上打孔、预埋木砖或用塑料胀管螺钉来固定，壁灯底座螺钉一般不少于2枚
4 筒灯的安装	安装筒灯，需要先根据筒灯尺寸、安装位置在吊顶上画线钻孔；再将吊顶内预留电源线与筒灯连接，调整筒灯固定弹簧片的蝶形螺母，使弹簧片的高度与吊顶厚度相同；最后将筒灯推入吊顶开孔处，再装上合适的灯泡

▶ 装修支招

房屋改造拆除中的电路施工情况

电路设计应多路化，做到空调、厨房、卫生间、客厅、卧室、计算机及大功率电器分路布线；插座、开关分开，除一般照明、挂壁空调外各回路应独立使用漏电保护器；强、弱分开，音响、电话、多媒体、宽带网等弱电线路设计应合理规范

第 2 章
选材与验收必读篇

　　装修选材在家庭装修中占据着至关重要的地位，面对市场上五花八门的装修材料，装饰材料的好坏直接影响着装饰效果。本章介绍的装饰材料，适合大部分家庭选购与使用。

1 墙面装饰材料

🔔 **要点提示：**

壁纸 + 乳胶漆 + 硅藻泥 + 大理石 + 人造石 + 洞石 + 文化石 + 锦砖 + 木饰面板 + 软包 + 硬包 + 装饰玻璃

No.1 ▶ 壁纸

扫码获取
壁纸装饰案例

壁纸类装饰材料多种多样，色彩层次丰富，图案清晰细腻，对墙面的覆盖能力极强，不会有开裂的现象发生。装饰效果丰富，可以通过不同的壁纸图案，营造出不同的居室风格，还可以通过不同的图案来缓解空间户型的缺陷感。

🔍 不同类型壁纸，比比看

1 纯纸壁纸	**原生木浆壁纸：**以原生木浆为原材料，经打浆成形，表面印花；韧性比较好，表面光滑，色彩层次好，图案丰富，不适用于厨房、卫生间等潮湿的空间内
	再生纸型壁纸：以可回收物为原材料，经打浆、过滤、净化处理而成；再生纸的韧性相对比较弱，表面多为发泡或半发泡型，不适用于厨房、卫生间等潮湿的空间内
2 木纤维壁纸	木纤维壁纸取自优质树种的天然纤维经加工而成，健康环保，具有很强的抗拉伸、抗扯裂特性，透气性、耐水性好，使用寿命长

不同类型壁纸，比比看（续）

3 无纺布壁纸	**天然无纺布壁纸：**由棉、麻等天然植物纤维制成，健康环保、防潮、透气、不助燃、易分解、质轻、柔韧性好、色彩丰富
	混合无纺布壁纸：由涤纶、腈纶、尼龙等化学纤维与天然纤维混合而成，防潮、透气性好、不助燃、易分解、质轻、柔韧性好、色彩丰富、价格适中，缺点是安全性比天然无纺布壁纸低

4 PVC壁纸	**发泡型PVC壁纸：**以纯纸、无纺布、布等为基材，表面喷涂PVC树脂膜造造而成，经过发泡处理的壁纸立体感强，纹理逼真，透气性强、装饰效果好
	普通型PVC壁纸：以纸为基材，表面涂敷PVC树脂膜造造而成，花纹精致，防水防潮性好，经久耐用，易维护保养

壁纸的用量计算

算法：房间周长/壁纸的宽度=所需的幅数

例如：选择规格为0.52m×10m的壁纸，房间周长为18m（周长是扣除门和窗的宽度后的），则所需的幅数为18÷0.52=34.6（幅）（小数点后需进位，也就是需要35幅纸）。壁纸在拼贴中考虑到对花的问题，图案越大，损耗越大，在计算时应比实际用量多出10%左右。

▶ **材料解惑**

PVC壁纸有毒吗

PVC壁纸相比其他壁纸的环保性能略差一些，但是正规合格的优质PVC壁纸是符合国家安全标准的产品，对人体不会造成伤害。就壁纸的生产技术、工艺和使用上来讲，PVC树脂不含铅和笨等有害成分，与其他化工建材相比，安全性与环保性更好

壁纸施工流程图

施工前准备　　　画垂线　　　裁纸　　　闷水

接缝细节处理　　大面处理　　接缝处理　　贴壁纸　　刷胶

选择优质壁纸

1）产品的环保性。燃烧一小段壁纸样品，确定是否有刺鼻的味道产生。

2）产品的耐磨度。壁纸的耐磨度直接关系到使用寿命，可用铅笔在所选的壁纸样品上划一下，再用橡皮擦拭，没有留下痕迹的为上品。

3）壁纸的色牢度。色牢度强的壁纸，便于清洗且耐用，能长期保持原本的颜色，不易发黄。鉴别方法只需要用湿纸巾擦洗壁纸，如果颜色没有脱落，则说明该壁纸是上品。

▶ **材料解惑**

无纺布壁纸这样保养使用更持久

壁纸在刚铺贴的三天内不应开窗或开冷气，让刚刮好的批土与刚粘贴上去的壁纸在自然状态下风干，这样可以使壁纸的使用寿命更长。壁纸在使用时，需保持室内空气的流通，这样有助于延长壁纸的使用寿命。无纺布壁纸的表面有脏污时，可以用吸尘器吸除表面灰尘，之后用喷雾器在壁纸表面喷上一层清洁剂，等待污渍脱落，再用清洗器进行清洗，重复操作两遍或两遍以上，最后用干抹布擦干壁纸表面即可

No.2 ▶ 乳胶漆

乳胶漆又称合成树脂乳液涂料，是家居装修中最常用的建材之一，其为以合成树脂乳液为基料加入颜料及各种助剂配制而成的水性涂料。可根据使用环境的不同分为内墙乳胶漆和外墙乳胶漆，也可根据装饰的光泽效果分为无光、亚光、半光、丝光和有光等类型。

扫码获取
乳胶漆装饰案例

♀ 乳胶漆施工流程图

清扫基层　　填补腻子、局部刮腻子、磨平　　第一遍满刮腻子，磨平　　第二遍满刮腻子，磨平

涂刷第二遍涂料　　复补腻子，磨平　　涂刷第一遍涂料　　涂刷封固底漆

涂料墙漆的用量计算

先计算涂刷面积，然后用涂刷面积除以每升漆料的涂布面积，即可获得所需的用量。

计算方法第一步：施工面积＝（建筑面积×80%－10）×3

以建筑面积为120m²的房屋为例，施工面积＝[（120×80%－10）×3]m²＝258m²；

计算方法第二步：按照标准施工程序的要求，底漆的厚度为30μm，5L底漆的施工面积一般在65~70m²；墙面漆的推荐厚度为60~70μm，5L墙面漆的施工面积一般在30~35m²。

精确的计算：底漆用量＝（258/70）桶；面漆用量＝（258/35）桶

底漆用量＝（258/80）桶＝3.3桶，即4桶

面漆用量＝（258/45）桶＝5.7桶，即6桶

▶ **材料解惑**

乳胶漆的选用

在进行墙面粉刷时，应根据不同房间的功能来选择相应功能特点的乳胶漆。如卫生间或其他潮湿的空间，最好选择耐霉菌性较好的乳胶漆；而厨房则应选择耐污渍及耐擦洗性较好的乳胶漆。选择具有一定弹性的乳胶漆，对弥盖裂纹、保持墙面的装饰效果有利

No.3 ▶ 硅藻泥

硅藻泥是以硅藻土为主要原材料的装饰材料，选用无机颜料调色，色彩柔和、不易褪色，同时具有消除甲醛、净化空气、调节湿度、释放负氧离子、防火阻燃、杀菌除臭等功效。因此，硅藻泥不仅有良好的装饰性，同时还具有十分强大的功能性。

扫码获取
硅藻泥装饰案例

硅藻泥施工流程图

基层处理　保护好家具门窗　材料调和　薄涂第一层硅藻泥　快干后再涂第二层

🔍 各类硅藻泥，比比看

1 稻草硅藻泥 — 颗粒最大，添有稻草，带有很强的自然气息；吸放湿量较高，约为81g/m²

2 防水硅藻泥 — 颗粒中等，具备防水功能，室内室外均可使用；吸放湿量中等，约为75g/m²

3 元素硅藻泥 — 颗粒较大；吸放湿量较高，约为81g/m²

4 膏状硅藻泥 — 细腻，颗粒较小；吸放湿量较低，约为72g/m²

5 金粉硅藻泥 — 颗粒较大，添加金粉，装饰效果奢华；吸放湿量较高，约为81g/m²

▶ **材料解惑** ......

硅藻泥施工工艺选择

　　平光工法：这种施工方法是用得最多的，也是比较受欢迎的一种。它表面是白色平滑的，既可以是环保的装修材料，又可以满足业主追求平光、白色的审美取向。这种工法对施工要求比较高，因为大部分业主都会以乳胶漆墙面作为标准，但是，因为硅藻泥没有自流平性，所以效果没有办法像乳胶漆那么好

　　喷涂工法：喷涂工法是指用专业的喷漆将硅藻泥的灰浆均匀的喷到墙面上，这种方法适合大面积的施工，相比其他方法更加有效

　　艺术工法：艺术工法的施工方法极为复杂。这种方法的图案没有特定性，会根据施工者不同，展现出不一样的风采

No.4 ▶ 大理石

天然大理石的种类很多,主要以产地、颜色、花纹来命名。大理石的花色丰富、纹理美观、光滑细腻,被普遍用于居家空间,用来装饰墙壁、台面或地面等。

🔎 大理石施工流程图

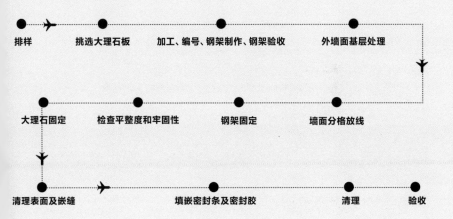

排样 → 挑选大理石板 → 加工、编号、钢架制作、钢架验收 → 外墙面基层处理

大理石固定 ← 检查平整度和牢固性 ← 钢架固定 ← 墙面分格放线

清理表面及嵌缝 → 填嵌密封条及密封胶 → 清理 → 验收

4招教你选购大理石

1)根据质量选购。在石材背面滴上一小滴墨水,如墨水很快四处分散浸出,即表明石材内部颗粒松动或存在缝隙,石材质量不好。反之,若墨水滴在原地不动,则说明石材质地细密。

2)判别真假选购。食醋会与大理石反应生成醋酸钙,因此将食醋滴在大理石上会导致石材表面产生变化,变得粗糙,由此可以看出是否为真正的大理石。但是由于醋酸本身酸性较弱,因此测试需要较长的反应时间,消费者一时是看不出结果的,用稀盐酸效果则比较明显。

3)根据大理石光泽选购。大理石板材表面光泽度的高低会极大影响装饰效果。优质大理石板材的抛光面应具有镜面一样的光泽,能清晰地映出景物,而劣质的大理石板材的抛光面就显得粗糙。

4)根据用途选购。纹理少、细且清晰的大理石比较百搭,可以适用于多种风格,对装修面积的要求也不高。而纹理繁复、色彩厚重的大理石,对空间面积和搭配的要求较高。一些石材还可以是山水型、云雾型、图案型、雪花型等抽象效果,这类大理石更适合用在背景墙。

🔍 **各类大理石，比比看**

1
浅金峰大理石
产地土耳其，以褐色为底色，带有金黄色线条，装饰效果强烈

2
新旧米黄大理石
产地意大利，花纹为米黄色，层次感强，风格淡雅

3
黑白根大理石
产地中国，以黑色为底色，带有白色筋络条纹

4
樱桃红大理石
产地土耳其，呈酒红色、樱桃色色泽，风格强烈

5
啡网纹大理石
产地中国，深、浅、金等多种颜色，纹理清晰，有一定的复古感

6
爵士白大理石
产地中国，白底色上带有山水纹路，颜色素雅

7
安娜米黄大理石
产地西班牙，以米色、米黄色为底色，带有米黄色网纹，色泽艳丽、丰富，装饰效果高贵典雅

8
银白龙大理石
产地中国，黑、白、灰三色如水墨画一般层次分明

9
银狐大理石
产地意大利，颜色淡雅，吸水性好，不宜用于卫生间

10
中花白大理石
产地中国，质地细密，以白色为底色，带有灰色山水纹路

扫码获取
大理石装饰案例

▶ 装修解惑

大理石的放射性污染对家居环境有影响吗

　　天然大理石的放射性是客观存在的，其放射性是否污染家居环境关键取决于其是否超过了国家规定的标准。大理石和瓷砖按放射水平分为A、B、C三类，A类产品的放射性最低，大理石属于A类产品，因此，大理石是被认定为辐射量最小，最为健康环保的石材

No.5 ▶ 人造石

　　人造石是以天然石粉为原材料，再加入树脂制成的。与天然石材相比，其既保留了石材的朴质触感与硬度，同时表面没有细孔，具有耐脏易保养的特点。市场上常见的人造石有人造大理石、人造石英石、人造花岗石等。

🔎 人造石施工流程图

●　　　　　●　　　　　●　　　　　●　　　　　●　　　　　●
工具准备　　涂刷人造石材防水背胶　　粘贴施工　　留缝　　填缝施工　　成品保护

🔎 不同人造石，比比看

1　人造大理石	人造大理石由于可人工调节，所以花色繁多、柔韧度较好、衔接处理不明显、整体感非常强；具有陶瓷的光泽，外表硬度高、不易损伤、耐腐蚀、耐高温；非常容易清洁
2　人造石英石	人造石英石属于天然矿石粉加上天然颜料，经真空浇铸或模压成型的矿物填充型高分子复合材料。具有硬度高、耐磨度高、抗腐蚀等优点
3　人造花岗石	人造花岗石节能环保，不含放射性物质，它是以天然大理石碎块、钙粉为主要原料。造型美观、色彩图案自然均匀，结构致密、耐磨性强，抗压、抗折强度高，吸水率低，弥补了天然石材色差、孔洞、裂隙、裂纹、吸水率高等缺陷

▶ 材料解惑

如何选择优质的人造大理石

　　优质人造大理石，其表面颜色比较简单，板材背面不会出现细小的气孔。劣质的人造大理石会有很明显的刺鼻化学气味，而优质的则不会。同样，优质的人造大理石表面会有很明显的丝绸质感，且表面非常的平整，而劣质的则没有

扫码获取
人造石装饰案例

No.6 ▶ 洞石

　　洞石是一种天然石材，由于其表面多孔而得名。其纹理清晰展现出温和丰富的质感，源自天然，却超越天然。表面经过处理后疏密有致、凹凸和谐，有毛面、光面和复古面等不同款式。洞石的颜色有米白色、咖啡色、米黄色与红色等。此外，每一片洞石都可以依设计来进行大小或形状的切割，同时还可以根据纹路进行拼贴，如对纹或不对纹的拼接方式，都能营造出不一样的装饰效果。

🔍 **洞石施工流程图**

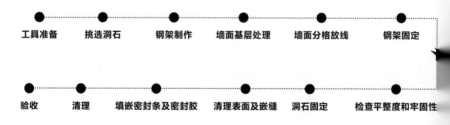

工具准备　　挑选洞石　　钢架制作　　墙面基层处理　　墙面分格放线　　钢架固定

验收　　清理　　填嵌密封条及密封胶　　清理表面及嵌缝　　洞石固定　　检查平整度和牢固性

▶ 材料解惑

怎么做才能提升洞石的抗裂性

　　洞石用作装饰板材时，一般需要进行封洞处理，可以使用接近底色或无色胶填充部分孔洞，以减少对灰尘的吸纳，同时提升板材的抗裂性，米黄洞石的加工可以使用大理石刀头切割，但是一般不推荐进行磨边处理

扫码获取
洞石装饰案例

○ 不同洞石，比比看

| 1 米白洞石 | 米白洞石色泽素雅柔和，纹理天然且匀称,可塑性强,不易留下刮痕、不易氧化、不变色、无辐射、易清洁 |
| 2 米黄洞石 | 米黄洞石产自土耳其，具有纹理清晰、温和丰富的质感，表面疏密有致、凹凸和谐，在纹路走势和质感上，深藏着史前文明的痕迹 |

▶ 材料解惑 ⋯⋯⋯⋯⋯⋯⋯⋯⋯⋯⋯⋯⋯⋯⋯⋯⋯⋯⋯⋯⋯⋯⋯⋯⋯⋯⋯

洞石的日常维护

　　由于洞石的表面带有凹凸的洞孔，所以容易出现卡尘的现象，在日常维护中，切记不要用清洁剂进行清洗，以免清洁剂中的化学成分对天然石材造成伤害。只需要用抹布蘸少量清水擦拭即可，对于洞孔中的灰尘，可以用吸尘器将其吸出，或者使用刷子蘸清水刷一刷即可

No.7 ▶ 文化石

　　文化石是以水泥掺砂石等材料灌入模具中制造而成的人造石材，其色泽纹理可媲美天然石材的自然风貌，相比天然石材，文化石较轻，只有天然石材的1/3甚至1/2,并且价格较低，花色均匀，形态多变，如城堡石、仿砖石、木纹石、鹅卵石、层岩石等。

扫码获取
文化石装饰案例

○ 文化石施工流程图

基层处理 ● 打水平线 ● 抹水泥浆 ● 文化石铺贴（一般采用工字形贴法）● 文化石填缝处理

文化石强调居室风格的塑造

文化石给人自然、粗犷的感觉，其外观种类很多。通常在乡村风格家居中对文化石的运用较多。其常被用于电视墙或沙发墙的装饰，颜色多以红色系、黄色系为主，图案则多为木纹石、乱片石、层岩石。在现代风格居室中则多以黑白装饰的鹅卵石居多。

🔍 不同文化石，比比看

1 城堡石	表面颜色深浅不一，多为棕色、灰色，通常以大小不一或不规则形状排列；多用于主题墙壁的装饰
2 仿砖石	仿造砖头的质感与形状，多以不同色彩进行拼贴装饰，以红色、橘色、土黄色、暗红色、青灰色等颜色居多；多用于乡村田园风格的壁炉装饰或主题墙面的装饰
3 木纹石	表面仿木纹图样，如树皮或年轮图样，凹凸的表面立体感强，有棕色、灰色和藕色可选；只用于外墙或地面的装饰
4 鹅卵石	表面有平滑与粗糙两种，形状多以大小不一的椭圆形居多，有棕色、黑色、白色、米色等多种颜色可选；可作为主题墙面的拼贴装饰，也可摆放在地面的某个角落作为饰品
5 层岩石	仿造层岩堆积的石片感，颜色有灰色、棕色、米白色、灰白色等，是最常见的一种文化石；多用于主题墙壁的装饰

▶ **材料解惑**

人造文化石环保吗

人造文化石是水泥制品，属于环保材料，与天然文化石相比，没有任何辐射。不过选择材料的等级很重要，原材料好的产品，基本不会对人体有伤害

No.8 ▶ 锦砖

扫码获取
锦砖装饰案例

　　锦砖又称马赛克，属于瓷砖的一种，一般由数十块小块的砖组成。它以小巧玲珑、色彩斑斓的特点被广泛应用于地面、墙面的装饰。锦砖由于体积较小，可以做一些拼图，产生很强的装饰效果。

🔎 锦砖施工流程图

基层处理　刮腻子粉　弹水平及竖向分格线　墙面湿水　抹结合层　二次弹线　锦砖刮浆

清洗　再次闭缝刮浆　撕纸　洒水湿纸　刮浆　闭缝　拍板赶缝　贴砖

🔎 不同锦砖，比比看

1 贝壳锦砖	表面晶莹，色彩斑斓，色泽多样，天然环保，无辐射污染，吸水率低，更加耐用；由于价格比较高，通常被小面积运用于室内墙面装饰或家具表面装饰
2 陶瓷锦砖	陶瓷锦砖色泽多样、款式种类繁多，质地坚实，经久耐用，能耐酸、耐碱；可用于墙面、地面、台面等装饰
3 玻璃锦砖	健康环保，耐酸碱、耐腐蚀、不褪色，装饰效果极佳；多被用于卫生间、厨房等潮湿的空间内

▶ **材料解惑**

锦砖的鉴别

　　在挑选锦砖时，可以用两手捏住锦砖联一侧的两角，使其直立，然后放平，反复三次，以不掉砖为合格品，或取锦砖联，先卷曲，然后伸平，反复三次，以不掉砖为合格品。另外还可从声音上进行鉴别，用一铁棒敲击产品，如果声音清脆，则没有缺陷；如果声音浑浊、喑哑，则是不合格产品

No.9 ▶ 木饰面板

木饰面板全称为装饰单板贴面胶合板，它是将天然木材或科技木刨切成一定厚度的薄片，粘附于胶合板表面，然后热压而成的一种用于室内装修或家具表面的装饰材料。可分为天然木饰面板和人造薄木饰面板。

扫码获取
木饰面板装饰案例

🔍 木饰面板施工流程图

● ━━━━━━ ● ━━━━━━ ● ━━━━━━ ● ━━━━━━ ●

弹线　　　防潮层安装　　　木龙骨安装　　　基层板安装　　　饰面板安装

木饰面板的鉴别

1）表皮的厚度。根据贴面板的薄厚程度，越厚的性能越好，涂装后实木感越真，纹理也越清晰，色泽鲜明饱和度越好。在鉴别贴面板薄厚程度时，可以查看板的边缘有无沙透，板面有无渗胶，涂水后有无泛青等现象。如果存在上述问题，则说明面板皮较薄。

2）表面美观度。纹理清晰、色泽协调的为优质板材。此外还应注意板材是否翘曲变形，能否垂直竖立、自然平放。如果发生翘曲或板质松软不挺拔、无法竖立，则说明板材的胶层结构不稳定，为劣质板材。

▶ **材料解惑** ⋯⋯⋯⋯

木饰面板环保吗

木饰面板的环保评测标准主要是检测其木饰面层的甲醛含量和木饰面表面油漆的环保性。优质木饰面本身甲醛释放量少，表面无异味，人们居家生活时不会受到甲醛的伤害

▶ **材料解惑** ⋯⋯⋯⋯

天然木饰面板与人造薄木贴面板的区别

天然木饰面板表面贴附的是天然木材刨切成的薄片，其表面纹理非常自然，且没有规律，环保性能好，多用于室内装修或家具制造的表面材料

人造薄木贴面板的纹理基本为通直纹理或有规则的图案；既具有木材的优美花纹，又达到了充分利用木材资源，降低成本的效果

🔍 不同品种的木饰面板，比比看

1
榉木饰面板

榉木可分为红榉木和白榉木两种，表面纹理细而直并带有均匀点状。木质坚硬、强韧，耐磨、耐腐、耐冲击，干燥后不易翘裂，透明漆涂装效果颇佳；用于墙面、装饰柱面、家具饰面板以及门窗护套

2
枫木饰面板

枫木的花纹呈明显的水波纹，或呈细条纹。表面呈乳白色，色泽淡雅均匀，硬度较高，涨缩率高，强度低；用于实木地板以及家具饰面板

3
柚木饰面板

柚木具有质地坚硬、细密耐久、耐磨、耐腐蚀、不易变形等特点，其涨缩率是木材中最小的；用于家具饰面板以及墙面的装饰

4
胡桃木饰面板

胡桃木是颜色纹理变化最为丰富的木材，其颜色可由淡灰棕色至紫棕色，纹理粗而富有变化；适用于家具饰面板以及墙面的装饰

5
水曲柳木饰面板

水曲柳的纹理可分为山纹和直纹两种，颜色黄中泛白，纹理清晰，结构细腻，具有涨缩率很小、耐磨、抗冲击性好的特点。如将水曲柳木施以仿古漆，其装饰效果不亚于樱桃木等高档木种，并且别有一番自然的韵味；用于墙面及家具的装饰

6
樱桃木饰面板

樱桃木的颜色古朴，由深红色至淡红棕色，其纹理通直、细腻、清晰、抛光性好。同时樱桃木的弯曲性能好、硬度低、强度适中，耐冲击力及负载力特别好；用于墙面护墙板、门板及家具饰面板的装饰

7
橡木饰面板

橡木由于产地不同，因此在颜色上可分为白橡木、黄橡木与红橡木三种。橡木的纹理清晰、鲜明，柔韧度与强度适中；用于家居装饰中护墙板及家具的饰面板装饰

No.10 ▶ 软包

软包是一种在室内墙表面用柔性材料加以包装的墙面装饰。它所使用的材料质地柔软，色彩柔和，能够柔化整体空间氛围，其纵深的立体感也能提升家居档次。除了具有美化空间的作用外，更重要的是它具有吸声、隔声、防潮、防霉、抗菌、防水、防油、防尘、防污、防静电、防撞的功能。

扫码获取
软包装饰案例

🔍 软包施工流程图

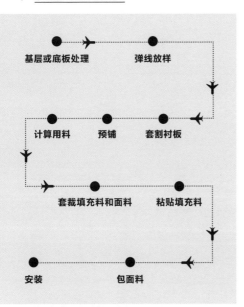

基层或底板处理 → 弹线放样

计算用料　预铺　套割衬板

套裁填充料和面料　粘贴填充料

安装　包面料

🔍 不同饰面的软包，比比看

1 布艺饰面软包	面料为棉、麻或真丝等布艺，以海绵作为内置填充物；质地柔软，花色、面料可选度高，能够营造出温暖舒适的空间氛围
2 皮革饰面软包	面料为各色真皮或人造革，以海绵作为内置填充物；能够赋予墙面立体凹凸感，又具有一定的吸声效果

No.11 ▶ 硬包

硬包的填充物不同于软包，它是将密度板制作成想要的设计造型后，包裹在皮革、布艺等材料里面。相比软包，硬包更加适用于现代风格家居中的墙面装饰，它具有鲜明的棱角，线条感更强。硬包的造型多以简洁的几何图形为主，如正方形、长方形、菱形等，偶尔也会用一些不规则的多边形。

扫码获取
硬包装饰案例

🔍 硬包施工流程图

卧室背景墙采用浅棕色硬包作为装饰，线条利落，棱角分明

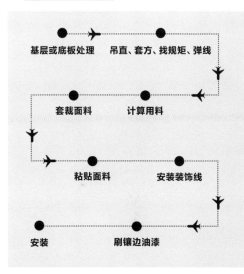

基层或底板处理 → 吊直、套方、找规矩、弹线

套裁面料　计算用料

粘贴面料　安装装饰线

安装　刷镶边油漆

🔍 不同饰面的硬包，比比看

1 皮革硬包	以木工板或高密度板作为基层造型，再用真皮或人造革进行饰面装饰；棱角分明，立体感强
2 无纹理硬包	无纹理硬包的表面材质不仅限于皮革或布艺，还包括丝绸等一些高端面料材质；表面纹理并不凸出，通过材质本身的触感、色彩与硬包造型的搭配，来起到装饰效果

No.12 ▶ 装饰玻璃

玻璃是一种极具表现力的装饰材料，家居装修中所用到的装饰性玻璃有烤漆玻璃、彩绘玻璃、钢化玻璃、玻璃砖、镜片以及艺术玻璃等。

扫码获取
装饰玻璃装饰案例

⌕ 装饰玻璃施工流程图

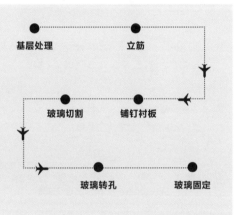

基层处理　　　立筋

玻璃切割　　铺钉衬板

玻璃转孔　　玻璃固定

▶ 材料解惑

装饰玻璃的日常养护

对于使用玻璃装饰的墙面、门扇、窗扇等，不应悬挂重物，同时还应避免碰撞玻璃面，以防止玻璃面刮花或损坏。在日常清洁时，只需要用湿毛巾或报纸擦拭即可，如遇污渍，则可用温热的毛巾蘸取食用醋即可擦除

⌕ 不同种类的装饰玻璃，比比看

1 烤漆玻璃

油漆喷涂玻璃：色彩艳丽，多为单色，适用于室内装饰

彩色釉面玻璃：有低温彩色釉面玻璃和高温彩色釉面玻璃两种，低温彩色釉面玻璃的附着力相对较差，容易出现划伤、掉色的现象

2 彩绘玻璃

现代数码打印彩绘玻璃：利用现代数码科技将胶片或PP纸上的彩色图案与平板玻璃黏合而成，图案色彩丰富，同时还有强化、防爆等功能，被广泛用于家居推拉门的装饰

传统手绘彩绘玻璃：用毛笔或者其他绘画工具，按照设计的图纸或效果图描绘在玻璃上，再经过3到5次高温或低温烧制而成

🔍 **不同种类的装饰玻璃，比比看（续）**

3
钢化玻璃

钢化玻璃的高安全性能使其成为家居装饰中最常用到的装饰材料之一。钢化玻璃受外力破坏时，会形成类似蜂窝状的钝角碎小颗粒，不易对人体造成严重的伤害。具有良好的热稳定性，能承受的温差是普通玻璃的3倍，可承受300℃的温差变化

4
玻璃砖

玻璃砖常被用作隔墙的装饰，在分隔空间的同时又能保证大空间的完整性，起到遮挡效果，保证室内的通透感。也可以用于墙体的装饰，将小面积的玻璃砖点缀在墙面上，可以为墙体设计增色，同时有效地弱化墙体的厚重感

5
镜片

不同颜色的镜片能够营造出不同的韵味，打造出或温馨或时尚或个性的空间氛围。在较小的空间中，镜片不仅可以将梁柱等部件隐藏起来，而且从视觉上可以延伸空间感，使空间看上去更加宽敞

6
艺术玻璃

款式、造型、花色的多样化是其他装饰建材不能及的。常见的雕花玻璃、磨砂玻璃、中空玻璃等都属于艺术玻璃的范畴

两侧对称的灰色镜面，现代感十足，镜面的光影效果丰富了整个空间的视觉效果

2 地面装饰材料

🔔 **要点提示：**

玻化砖 + 木纹砖 + 仿古砖 + 木地板

No.1 ▶ 玻化砖

玻化砖的色彩柔和，没有明显的色差，性能稳定，耐磨，吸水率低，而且安全环保，是替代天然石材较好的瓷制产品之一。

扫码获取
玻化砖装饰案例

🔍 玻化砖施工流程图

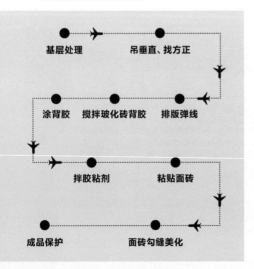

▶ **材料解惑**

根据房间面积选择玻化砖的规格

大规格的玻化砖铺贴在小面积的地面上，会让房间产生一种不协调感，就如同一位瘦人穿了一个大号的衣服，反之，也是相同的道理；大面积的地面铺贴了小规格的玻化砖，会让房间看起来更加拥挤

如客厅面积已经超过了30m²，最好是选择800mm×800mm的砖，如果小于这个面积的话，可以选择600mm×600mm规格以下的

🔍 不同种类的玻化砖，比比看

1 渗花抛光砖	渗花抛光砖是最基础的产品，集花岗石的耐磨、耐腐蚀、强度高和色彩丰富的装饰效果于一身
2 微粉砖	微粉砖的抗污性比一般的地砖好，抛光后更亮，表面花纹不重样，还可以制作成仿古效果，装修效果丰富多样
3 多管布料抛光砖	花色纹路都很自然，每片砖都看似差不多，但仔细看又都有着细微的差别

地砖的用量计算

总片数=所铺房屋面积/(单片瓷砖的长×单片瓷砖的宽)

如：$20m^2$的房间，铺贴300mm×300mm规格的瓷砖。

计算过程：总片数=[20/(0.3×0.3)]片=222.2片，取223片，还须另加上施工损耗的部分瓷砖(一般是6%~8%)再购买。

地砖的常见尺寸：600mm×600mm、500mm×500mm、400mm×400mm、300mm×300mm。

▶ **材料解惑**

墙砖与地砖是否可以混着用

墙砖属于陶制品，而地砖则属于瓷制品，它们的吸水率不同，一般墙砖的吸水率大概在10%左右，比吸水率只有1%的地砖可是要高出数倍。地砖的吸水率低，不会使空间受到水汽影响，更不容易吸纳污渍；而墙砖是由釉面陶制的，含水率高，背面比较粗糙，利于用胶粘剂把墙砖贴上墙，而地砖在墙上是贴不牢固的，墙砖用在地面则会因为吸水多而变得不易清洁，所以两者不能混着用

扫码获取
木纹砖装饰案例

No.2 ▶ 木纹砖

木纹砖的表面纹路逼真、自然朴实，具有一定的防滑效果，既有木质的温馨和舒适感，又易于保养。木纹砖的表面还经过防水处理，可直接用水擦拭，除此之外，还具有耐腐蚀、不褪色、使用寿命长等优点。

🔍 木纹砖施工流程图

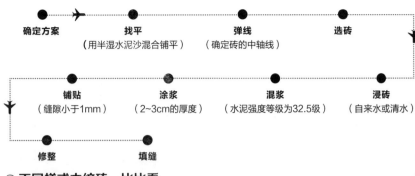

确定方案　　　　找平　　　　　　弹线　　　　　选砖
　　　　　（用半湿水泥沙混合铺平）　（确定砖的中轴线）

铺贴　　　　　　涂浆　　　　　　混浆　　　　　浸砖
（缝隙小于1mm）　（2~3cm的厚度）　（水泥强度等级为32.5级）　（自来水或清水）

修整　　　　　　填缝

🔍 不同样式木纹砖，比比看

1 洗白木纹砖　表面硬度很高，吸水率较低，表面光滑，色彩淡雅；适用于现代风格与小空间装饰

2 半抛木纹砖　表面相比其他木纹砖更加光滑，带有亮釉表层，纹理较深，具有很强的防滑性与耐磨性；色泽淡雅，适用于现代风格、田园风格、日式风格等配色简洁的空间中

3 陶质木纹砖　硬度较低，表面经过抛光处理，墙面、地面都可以使用。色泽光亮，色彩丰富，纹理比较平滑，因此防滑效果比较差；更多情况下被用于墙面的装饰

4 浅褐木纹砖　硬度更高，吸水率低，表面纹理更加粗犷。色彩以浅褐色、浅米色为主；多用于乡村田园风格空间

▶ 材料解惑

4招教你选择适合自己的木纹砖

1）木纹砖按光泽度可分为光木纹砖、柔光木纹砖、全抛釉木纹砖。亚光柔光木纹砖的效果比较柔和合家居环境

2）木纹砖的图案和种类特别多，基本上常见的木纹都能实现

3）木纹砖的规格比较推荐600mm×150mm或800mm×150mm的，仿照了木地板的大小，铺装效果是非常不错的。另外，900mm×300mm的木纹砖，效果会更好，但是这种规格的砖价格较贵

4）如果是铺卫生间或阳台最好用尺寸较小的600mm×150mm的规格，比较好找坡度

🔍 木纹砖与木地板如何选择，比比看

1 直观装饰效果	木纹砖作为木地板的替代品，做出的效果乍一看根本分辨不出来，唯一的不同就是木纹砖的纹路比较整齐缺少实木地板自然纹路的真实感
2 脚感与舒适感	木纹砖是瓷砖，缺少木地板木质板材的温润的脚感
3 健康环保角度	木纹砖属于瓷砖，是陶瓷烧制品，相比木地板更加健康环保
4 日常打理维护	木纹砖打理方面跟瓷砖一样，比较方便打理。木地板打理相对复杂，越好的地板越需要精心打理并且每隔几个月还要做保养
5 使用寿命	木纹砖的耐磨程度远高于木地板，木纹砖对居住环境几乎没有要求，而木地板的使用环境不宜太潮湿也不宜过于干燥

扫码获取
仿古砖装饰案例

No.3 ▶ 仿古砖

　　仿古砖的图案多以仿木、仿石材、仿皮革为主，也有仿植物花草、仿织物、仿金属等图案。颜色方面，仿古砖多采用自然色彩，如沙土的棕色、棕褐色和红色色调；叶子的绿色、黄色、橘黄色的色调；水和天空的蓝色、绿色和红色色调等。

◯ 仿古砖施工流程图

基层处理	弹线	预铺	铺贴	填缝
	（弹出十字线，控制地砖分隔尺寸）		（砂浆厚度25mm左右）	

🔍 不同样式仿古砖，比比看

| 1 单色仿古砖 | 防水、防滑、耐腐蚀，色彩丰富，可大面积使用；可用于不同空间的地面、墙面装饰 |
| 2 花色仿古砖 | 防水、防滑、耐腐蚀，图案丰富多彩，多为手工绘制；多用于点缀装饰，如墙面腰线或地面波打线等 |

▶ **材料解惑**

3招教你辨别仿古砖

1）耐磨度。耐磨度从低到高分为五度。一般家庭装饰用砖在一度至四度间选择即可

2）硬度。硬度直接影响着仿古砖的使用寿命，可以通过敲击听声的方法来鉴别。声音清脆的质量好，不宜变形破碎，即使用硬物划一下，砖的釉面也不会留下痕迹

3）色差及方正度。察看同一批砖的颜色、光泽纹理是否大体一致，能不能较好地拼合在一起。色差小、尺码规整的则是上品

No.4 ▶ 木地板

木地板是家居装饰材料中关注度较高的材料之一，其中实木地板、实木复合地板、软木地板、竹木地板是普通家居装修中比较常用的四种木地板。

扫码获取
木地板装饰案例

🔍 木地板不同工艺施工流程图

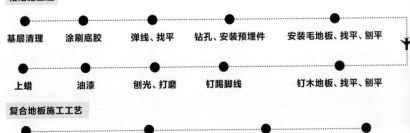

粘贴施工法

基层清理 → 涂刷底胶 → 弹线、找平 → 钻孔、安装预埋件 → 安装毛地板、找平、刨平

上蜡 ← 油漆 ← 刨光、打磨 ← 钉踢脚线 ← 钉木地板、找平、刨平

复合地板施工工艺

清理基层 → 铺设塑料薄膜地垫 → 粘贴复合地板 → 安装踢脚线

实铺法施工工艺

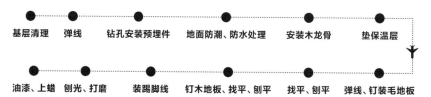

基层清理 → 弹线 → 钻孔安装预埋件 → 地面防潮、防水处理 → 安装木龙骨 → 垫保温层

油漆、上蜡 ← 刨光、打磨 ← 装踢脚线 ← 钉木地板、找平、刨平 ← 找平、刨平 ← 弹线、钉装毛地板

木地板的用量计算

粗略的计算方法:

房间面积/地板面积×1.08(其中8%为损耗量)=使用地板块数。

精确的计算方法:

(房间长度/板长)×(房间宽/地板宽)=使用地板块数

以长8m,宽5m的房间,选用900mm×90mm×18mm规格地板为例:(8/0.9)块≈9块,(5/0.09)块≈56块,(9×56)块=504块,即为用板总量;一般地板的消耗率在5%左右。

▶ **材料支招**

环保地板的选购准则

在选购木地板时,着重关注其环保认证的标识,或者是认证证书。比较权威的认证标准有:采用国际标准产品标志证书和中国环境标志认证,其中第一个认证更具权威性

🔍 不同种类的地板,比比看

1 实木地板

特点:实木直接加工而成的地板,保持原木材的自然纹理,环保无污染,脚感舒适,使用安全,具有良好的保温性能

材质:柚木的颜色偏黄,看起来比较光滑,充满油质;紫檀木的颜色较深,质地坚硬,可以给空间带来沉稳内敛的感觉;花梨木偏红,纹理清晰、自然,纹路多样,富有变化,可以给居室带来古朴典雅的装饰效果

2 实木复合地板

特点:加工精度高,具有天然的木质感,防腐、防潮、抗菌,比实木地板更加耐用,价格比实木地板低

材质:三层实木复合地板的表层为柞木、柚木、水曲柳、花梨木、樱桃木等优质木材,芯层为再生或速生木种,底层为杨木、桦木、松木等;多层实木复合地板是以多层胶合板为基材,以硬木薄片镶拼板或单板为面板,层压而成

🔍 不同种类的地板，比比看（续）

3 软木地板	**特点**：软木地板柔软、吸声、舒适、耐磨。良好的缓冲性能适合用于老人房和儿童房，独有的隔声效果和保温性能也非常适合应用于卧室、书房等空间 **材质**：以橡树树皮为原材料，花色选择多
4 竹木地板	**特点**：具有竹子天然的纹理，无毒环保、防潮、防虫、强度高、不易变形，使用寿命长 **材质**：以天然优质竹子为原料，脱去竹子原浆汁，经高温高压拼压，再经过多层涂装，最后利用红外线烘干而成

地板可以这样翻新

1）将原有地板的表面打磨掉1~2mm。

2）对打磨好的地板进行刮腻子、上色、上漆、上蜡抛光。一般刷一遍底漆，两遍面漆，如果遇到地板表面存有瑕疵的情况，需多刷几遍底漆。

▶ **材料解惑**

是不是所有的地板都可以翻新

并不是所有的地板都可以进行翻新，只有地板表层的厚度达到4mm及以上的实木地板、实木复合地板和竹木地板可进行翻新。翻新地板前需要对旧地板进行打磨，需要磨掉1~2mm。太薄的地板易打磨出中间层，影响地板寿命

将地板的拼贴样式适当地改变一下，
会意想不到地提升地面的层次感

3 吊顶装饰材料

🔔 **要点提示:**

石膏板 +PVC 扣板 + 铝扣板 + 龙骨

No.1 ▶ 石膏板

扫码获取
石膏板装饰案例

石膏板具有很强的可加工性,板块之间通过无缝处理就可以达到无缝对接的效果,用它作装饰材料可极大地提高施工效率。

🔍 石膏板施工流程图

● 弹线　　● 安装吊杆　　● 安装主龙骨　　● 安装次龙骨　　● 起拱调平　　● 安装装饰石膏板

▶ **材料解惑**

招教你如何鉴别石膏板

1)纸面的石膏板的上下两层的纸应结实,且要没有裂纹

2)应选择表面光滑平整的石膏,且石膏板的表面不能够有污渍、彩不均等现象

3)挑选时可用手敲击石膏板,其声音,如石膏板发出的声响非常结实低沉,则说明石膏板的质地非常密实

为什么说石膏板是环保材料

1)材料原料:石膏板是由熟石膏与纤维、添加剂混合制成,不含甲醛、硫化氢等有害物质

2)施工方式:石膏板在加工过程中只需切割后用螺钉固定在龙骨上。整个施工过程中不需要使用胶粘剂等含有污染源的产品

3)化学性质:生石膏、熟石膏的化学性质稳定,不含有毒物质。石膏内部所含的结晶水燃烧后排放物为水蒸气,可有效防止火灾蔓延

4)功能性:石膏板内部具有很多毛细空隙,能根据环境湿度变化,自动吸收和排出水分,使室内湿度相对恒定

🔍 不同种类的石膏板，比比看

1 普通纸面石膏板	普通纸面石膏板是最为经济和常见的品种，要求使用湿度不超过65%，做吊顶时可选择厚度为9.5mm规格的
2 耐水纸面石膏板	板芯和护面板经过防水处理，可以用于卫生间、浴室等潮湿空间
3 耐火纸面石膏板	板芯增加了耐火材料和大量玻璃纤维，适合用于厨房
4 防潮石膏板	具有较高的表面防潮性能，表面吸水率小于160g/m²，适用于潮湿度较大的房间的吊顶、隔墙和贴面墙

No.2 ▶ PVC 扣板

PVC扣板属于塑料装饰材料的一种，价格十分经济实惠，所占的市场份额比较大。PVC扣板以质轻、防水、防潮、经济实惠等特点深受广大消费者喜爱。

🔍 PVC扣板施工流程图

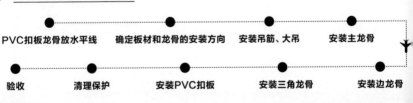

PVC扣板龙骨放水平线 → 确定板材和龙骨的安装方向 → 安装吊筋、大吊 → 安装主龙骨

验收 ← 清理保护 ← 安装PVC扣板 ← 安装三角龙骨 ← 安装边龙骨

▶ **材料解惑**

PVC扣板是否有毒

　　PVC在家居生活中的使用还是比较普遍的，但很多人在购买时会担心其对身体造成伤害，其实只要是购买了正规厂家生产的正规产品，质量一般不会有什么问题

PVC扣板吊顶的优缺点，比比看

1 优点	材质质量轻、防水、防潮、防蛀虫，并且耐污染、好清洗，有隔声、隔热的良好性能，特别是新工艺中加入了阻燃材料，使其能够离火即灭，使用更为安全；图案品种多，装饰效果丰富；成本低，安装简单
2 缺点	1）物理性能不够稳定，会出现变形现象 2）老化速度快，容易变色、使用寿命较短

▶ 材料解惑

6步教你选购PVC扣板

1）查看产品包装是否完好

2）查验板的刚性，用力捏板，捏不断，则板质刚性好

3）查验韧性，180°折板边10次以上，板边不断裂，则韧性好

4）查验板面是否牢固，用指甲用力掐板面端头，不产生破裂则板质优良

5）优质PVC扣板的板面平整光滑，能拆装自如；色泽光亮，底板色泽纯白莹润

6）优质PVC扣板无刺激性气味

No.3 ▶ 铝扣板

　　铝扣板是以铝合金板材为基底，通过开料、剪角、膜压制造而成。相比其他材质的板材，铝扣板的花色更多、使用寿命更长。

铝扣板施工流程图

基层弹线　　　安装吊杆　　　安装主龙骨　　　安装边龙骨

项、检验批验收　　　饰面清理　　　安装铝合金方板　　　安装次龙骨

铝扣板的家装用途

铝扣板主要用于卫生间和厨房的吊顶。厨房会有较多的油渍和水汽，需要选择防油污的材料；卫生间没有太多的油渍，但是大量的水汽也决定了在吊顶时应注意材质的选择，铝扣板具有良好的防潮性能，是卫生间吊顶装饰材料的最佳选择。

🔍 铝扣板吊顶的优缺点，比比看

1 覆膜板	覆膜铝扣板是较为流行的工艺，分为珠光膜和亚光膜，在铝合金基材上面覆上一层膜，用高光膜或幻彩膜，板面涂覆专业胶粘剂后复合而成
2 喷涂板	喷涂铝扣板就是在铝板表面喷上各种各样颜色的氟碳漆(或聚酯漆)，经高温烘烤、固化处理而成，又称烤漆铝扣板
3 辊涂板	辊涂板是铝板基材表面进行脱脂和化学处理后，辊涂优质涂料，干燥固化而成。基材材质和覆膜板一样

▶ **材料解惑**

两招教你选购铝扣板

1) 铝扣板的薄厚虽然不能完全决定产品的优劣，但是板材厚度需达到0.6mm才行

2) 测试铝扣板的弹性和韧性也可以判断板材的优劣。可以试着将样板用手折弯，若是质地好的铝材，被折弯后会在一定程度上反弹；相反，质地不好的铝材则不会恢复原状

No.4 ▶ 龙骨

龙骨是装修的骨架和基材，使用非常普遍。龙骨的种类很多，根据制作材料的不同，可分为木龙骨、轻钢龙骨、铝合金龙骨等。

🔍 龙骨施工流程图

● 弹线　● 安装大龙骨吊杆　● 安装大龙骨　● 安装中龙骨　● 安装小龙骨　● 安装罩棉板　● 安装压条　● 刷防锈漆

🔎 不同材质龙骨，比比看

1 木龙骨	**优点**：通常采用松木、杉木等树种，制作加工成长方形或正方形的木条。这种龙骨的特点是价格实惠、环保健康，可以做任何复杂的造型，安装起来较为方便
	缺点：木龙骨容易出现受潮、变形、被虫蛀、存有火灾隐患等现象
2 轻钢龙骨	**优点**：用轻型钢材构成，重量较轻、硬度高、强度好、施工简便、工期短，还有防水、防火、防潮、防震、防尘、隔声、吸声等优点，是目前主流的吊顶龙骨材质
	缺点：价格高，可塑性不强，只可以做成直线条，不能做其他特殊的造型；占用的面积比木龙骨多，至少需要10~15cm以上的高度
3 铝合金龙骨	**优点**：材料是铝合金，通过一定的工艺加工成T形结构制作而成。它的优势是造型多变、性能稳定、质地轻盈而坚固，比轻钢龙骨更加结实，适合吊顶承重较大的家庭使用
	缺点：材料、施工成本较高

龙骨安装的要点

1）吊顶不平。原因在于大龙骨安装时吊杆调平不认真，造成各吊杆点的标高不一致。施工时应检查各吊点的紧挂程度，并检查标高与平整度是否符合设计和施工规范要求。

2）轻钢骨架局部节点构造不合理。在留洞、灯具口、通风口等处，应按图相应节点构造设置龙骨及连接件，使构造符合图册及设计要求。

3）轻钢骨架吊固不牢。顶棚的轻钢骨架应吊在主体结构上，并应拧紧吊杆螺母以控制固定设计标高；顶棚内的管线、设备件不得吊固在轻钢骨架上。

4）罩面板分块间隙缝不直。施工时注意板块规格，拉线找正，安装固定时保证平整。

5）压缝条、压边条不严密平直。施工时应拉线，对正后固定、压粘。

材料解惑

木龙骨好还是轻钢龙骨好

从强度上来看，轻钢龙骨的强度在龙骨中是最好的，以轻密度钢为主材，重量轻；而木龙骨稍不注意就会开裂或折断。造型上，轻钢龙骨不如木龙骨，因为轻钢龙骨的强度高，不易做造型；而木龙骨切削容易，造型多变。价格上，轻钢龙骨的价格高于木龙骨，木龙骨的价格便宜很多。从安全性上，木材的防火性无法与钢材相比，这也是家装中逐渐有人选择轻钢龙骨的原因之一

4 水电辅材

> ♧ **要点提示：**
> **水管 + 开关 + 插座 + 电线**

No.1 ▶ 水管

　　水管是水路改造中非常重要的材料，如果材质有问题，将会带来巨大的安全隐患。在家居装修中，水管按照用途可分为排水管、供水管，冷水管、热水管；按照材质可分为PP-R管、PVC管、铝塑复合管、铜塑复合管、金属软管、不锈钢波纹软管等。

🔍 各种材质的水路管材，比比看

1 PP-R水管	PP-R管质量轻、耐腐蚀、不结垢、使用寿命长，且无毒环保对健康没有任何危害。PP-R管是厨房、卫生间中冷热水管的首选。其中单层管适用于冷水，双层管适用于热水，可以根据水管的用途是传送冷水还是热水来选择使用单层 PP-R管还是双层 PP-R管
2 PVC水管	PVC管可分为硬管和软管，是用热压法挤压成型的塑料管材，抗腐蚀力强、易于粘结、价格低、质地坚硬，适用于输送温度不高于45℃的排水管。PVC管具有良好的水密性，在家居装修中，PVC管主要用于生活用水的排放管道，安装在厨房、卫生间、阳台的地面下

🔍 各种材质的水路管材，比比看（续）

3 铝塑复合管	有耐腐蚀、耐高压的双重优点。有多种安装用途，带有白色"L"标识的铝塑复合管适用于生活用水的输送；带有红色"R"标识的铝塑复合管有耐高温的特点，适合用于长期输送水温在95℃左右的热水及采暖管道系统。选材时可依据用途选择，如果只用来输送冷水，可以使用非交联铝塑复合管，如果用于供应热水，则需要选择内外层交联的铝塑复合管
4 铜塑复合管	是一种铜材质与PP-R材质采用热熔挤制、胶合而成的水管，内层为无缝纯紫铜管，外层为PP-R，比传统的铜水管的价格和安装更经济，比PP-R管更节能、环保、健康。适用于各种冷、热水给水管
5 金属软管	由波纹柔性管、网套和接头结合而成，在家居装修中，用于各种水管的末端，可将管道与用水洁具连接
6 不锈钢波纹软管	俗称不锈钢软管，是一种柔性耐压管材，表面包裹着一层阻燃聚氯乙烯材料，常见颜色有白色、灰色、黑色、黄色等，比金属软管更有抗拉力，抗破坏、耐压耐冲击及耐腐蚀性的性能更强

No.2 ▶ 开关

开关是日常生活中使用率最高的电料，每天都会使用，开关一般镶嵌在墙壁中，更换起来有时会对墙壁造成一些损伤，十分麻烦。因此在选择开关时，一定要选择质量好的。

开关的理想高度

在没有特殊使用需求的情况下，一般都应按标准设置开关高度，与成人的肩膀等高，距离地面120~140cm，一般安装在儿童够不到的位置。

🔍 不同种类的开关，比比看

1 单控开关	分为单控单联、单控双联、单控三联、单控四联等多种形式；单控单联开关控制一件电器，单控双联开关可以控制两件电器，以此类推
2 双控开关	两个开关同时控制一件或多件电器，根据所联电器的数量可分为双联单开、双联双开等形式；两个开关同时控制一件电器，方便开关电器
3 转换开关	很实用的开关，如客厅的顶灯，一般灯泡数量较多，全部打开太浪费，安装转换开关就方便多了，可以有选择的控制灯泡工作的数量
4 延时开关	卫生间里经常把灯和排气扇合用一个开关，有时很不方便，关上灯，排气扇也跟着关上，安装延时开关，即关上灯，排气扇还会工作，很实用

▶ **材料解惑**

3招教你选购开关

1）看外观。优质开关采用的都是PC料(又称防弹胶)，看起来材质均匀，表面光洁有质感

2）看内部结构。开关通常用银合金或纯银做触头，银铜复合材料做导电桥。优质开关采用银镍合金触头，导电性强，耐磨耐高温，有效降低电弧强度，使开关寿命更长

3）看样式。目前最常见的开关是大跷板，大跷板开关最大限度地减少了手与面板缝隙的接触，能够预防意外触电

开关的位置选择

开关的位置应根据家人的生活习惯来确定，如大多数人惯用右手，所以一般家装进门向右打开，而开关都装在门口的左侧。

合理选用开关，让生活更便利

应根据不同空间的特性来对开关进行适当的选择，如卫生间、厨房内需要选择具有防水等级的开关，或者安装防水盒；在阳台、玄关等沙尘较大的空间中，应选择具有防尘等级的开关；如果电视、冰箱、空调、音响等大型家电放在同一房间，选择的墙壁开关应与这些电器的负载情况相匹配，另外，这些电器应分别使用独立开关控制，不应使用同一开关，避免同时启动时峰值电流过高而烧损开关。

No.3 ▶ 插座

插座可插入各种接线，便于与其他电路接通，是为家用电器提供电源接口的设备，也是电器设计中使用较多的电料附件，可以根据业主的使用习惯来选择墙插座或地插座。

插座的理想高度

插座根据使用情况的不用，安装的高度要求也不一样，装修设计时应尽可能地进行预留规划。如视听设备、台灯、接线板等接地上设备的插座应距离地面30cm；洗衣机、冰箱等电器插座应距离地面120cm；空调、排气插座应距离地面200cm。

🔍 不同样式的插座，比比看

1 单控开关插座	单控开关插座是一种很常见的插座类型，操作简单又方便，采用的是一对一的方式，轻松又便捷
2 三孔插座	二孔插座是可以提供三孔插头的插座，是能够根据不同的电流使用，而有不同的要求，可以是10A、16A或者25A，可以根据日常使用需求来进行选择与使用
3 信息插座	就是弱电插座，应用于电话线、计算机线或电视线的插座来使用的
4 五孔USB插座	USB插座是一种安全节电、带USB接口的通用插座，是一种弱电电子产品

▶ **材料解惑**

插座的选购窍门

选购插座时可以凭借手感初步判定插座的材质。一般来说，表面不太光滑，摸起来有薄、脆质感的产品，各项性能是不可信赖的。插座的插孔需装有保护门，插头插拔应需要一定的力度并且单脚无法插入

插座的位置选择

在厨房安装插座，注意插座必须远离灶台，以防止插座周围环境温度过高而损坏插座；而在浴室、阳台等水汽较重的空间中，注意插座安装不能太低，并且应该配有防溅盖；在特别潮湿，有易燃、易爆气体及粉尘的场所不应装配任何插座。

▶ **材料解惑**

大功率电器的插座规划

空调、洗衣机、抽油烟机等功率较大的电器，最好使用单独的三插插座，以防止电路总功率过大跳闸。对于换季性电器，如空调，可以选择带开关的插座，在不使用时，可以把开关关上，而不用拔掉插头

No.4 ▶ 电线

电线是家庭装修中非常重要的基础建材，也是隐蔽工程的重要内容。电线的质量是否合格，直接关系到装修的效果和用电安全。

🔍 不同电路线材用途，比比看

1 电话线
截面较小，质地单薄，功能强大，传输快捷，价格适中；常见规格有两芯和四芯，线径分别有0.4mm和0.5mm，一般家庭选用两芯即可；主要用于电话、视频信号连接

2 PVC穿线管
单根截面较小，质地单薄，传输速度较快，价格较高；主要用于网络信号连接

3 电路线盒
质地光洁平滑，硬度高，强度好，防腐蚀、防漏电，施工快捷方便，价格便宜；用于各种开关、插座、面板的基础安装

5 门窗选材

🔔 **要点提示：**

防盗门 + 谷仓门 + 隐形门 + 折叠门 + 推拉门 + 百叶窗

No.1 ▶ 防盗门

防盗门作为入户门，是守护家居安全的一道屏障，所以应首先注重其防盗性能。其次，防盗门还应该具备较好的隔声性能，以隔绝室外的噪声。防盗门的安全性与其材质、厚度及锁的质量有关，隔声性则取决于其密封程度。

🔍 防盗门安装施工流程图

1
测量门洞尺寸

门洞的尺寸应该大于防盗门的尺寸，同时需要留下1~3cm的缝隙，方便安装时更好的调整

2
安装防盗门

将门放进门洞中，四周用木栓将其固定住，调整好防盗门的水平与垂直度，测试开门灵活度，用电锤在门框上装好安装孔

▶ **材料解惑**

防盗门最合适安装的时机

防盗门最好是在泥工进场时就换掉，这样可以对损坏部分或缝隙进行修补，新门都有保护膜，装修时也不易碰坏。后期(如铺完砖后)换门经常需要重换地砖，墙面会有损伤。装好以后木工需包门套，注意保管好钥匙，装修期间用装修钥匙，装修后换成正式的钥匙

🔍 不同材质的防盗门，比比看

1 栅栏式防盗门	较为常见的一种由钢管焊接而成的防盗门，它的最大优点是通风、轻便、造型美观，且价格相对较低。该防盗门上半部为栅栏式钢管或钢盘，下半部为冷轧钢板，采用多锁点锁定，保证了防盗门的防撬能力
2 实体式防盗门	采用冷轧钢板挤压而成，门板全部为钢板，钢板的厚度多为1.2mm和1.5mm，耐冲击力强。门扇双层钢板内填充岩棉保温防火材料，具有防盗、防火、绝热、隔声等功能
3 复合式防盗门	由实体门与栅栏式防盗门组合而成，具有防盗、隔声，夏季防蝇蚊、通风纳凉和冬季保暖的特点

No.2 ▶ 谷仓门

　　谷仓门其实是滑动门的一种，与现代滑动有所不同的是，谷仓门只有上层有滑轨，而且滑轮露在外面。可以选择单扇门也可以选择双扇门，外观造型看起来极具古色古香的韵味，其"颜值"很高。另外，谷仓门安装相对简单，拆卸起来方便，在家庭装修中也可以起到百搭的作用。

扫码获取
谷仓门装饰案例

🔍 谷仓门安装施工流程图

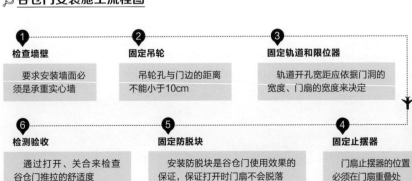

①检查墙壁
要求安装墙面必须是承重实心墙

②固定吊轮
吊轮孔与门边的距离不能小于10cm

③固定轨道和限位器
轨道开孔宽距应依据门洞的宽度、门扇的宽度来决定

⑥检测验收
通过打开、关合来检查谷仓门推拉的舒适度

⑤固定防脱块
安装防脱块是谷仓门使用效果的保证，保证打开时门扇不会脱落

④固定止摆器
门扇止摆器的位置必须在门扇重叠处

谷仓门的安装条件

1)应先确定安装谷仓门的房间墙壁,必须是承重墙,以及门旁边是否有足够的空墙,用于谷仓门的正常推拉开关。

2)谷仓门的顶部到顶棚应超过16cm,这是由谷仓门的硬件附件尺寸和特殊皮带轮所需的最小高度决定的。应根据谷仓门的实际大小来确定。

🔎 谷仓门的优点与缺点,比比看

1 优点
- **省空间**:谷仓门的门板基本都是在墙面上,完全不用占用走道空间
- **易搭配**:谷仓门外观既具有粗犷性又精致,能与不同的家装风格相协调
- **装饰性强**:传统谷仓门有一种美式乡村的风味;现代的新型谷仓门色彩和造型更丰富,装饰性更强

2 缺点
- **密封性、隔声效果差**:门与墙壁之间会存在一定缝隙,整体的隐蔽性、密封性和隔声效果较差,不适合安装在卧室
- **承重要求高**:由于谷仓门是悬挂式的,完全依靠着轨道滑动和受力,因此安装谷仓门的墙体一定需是能够承重的

No.3 ▶ 隐形门

隐形门在严格意义上讲并不是隐形看不见的,只是没有门套或门把手,它的颜色和材质会与墙面保持一致,同时保留清晰可见的门缝,让门与墙面有一定的视觉统一感。

扫码获取
隐形门装饰案例

🔎 不同种类的隐形门,比比看

1 平开式隐形门
平开式隐形门是最常见的隐形门样式,合页装于门的正面,向内或向外开启,适用于卧室、书房、储藏室等功能空间

2 推拉式隐形门
比平开式隐形门的颜值更高,与空间环境的融合度也更巧妙,不但能起到划分居室空间的作用,而且尽可能地保留了空间的开阔感,比较适合小户型使用

🔎 不同种类的隐形门，比比看（续）

3 旋转式隐形门	旋转式隐形门占据的空间相对较大，它兼顾了门、隔断和造型的三重需求，装饰效果和趣味性更佳，比较适合用于大空间
4 与家具一体的隐形门	是隐形门与收纳架或家具的结合体，既可用来收纳又可以划分空间

▶ **材料解惑**

隐形门的作用

1）分割公私空间。书房中的休息室、卧室中的衣帽间，可以选择利用隐形门进行空间分割

2）为了保证墙面的完整性。想在一整面墙上做造型的话，选择没有门把手的隐形门，可以达到不破坏整体的视觉效果

No.4 ▶ 折叠门

折叠门为多扇折叠，可以通过门的折叠或开放，将一个开放的空间保持独立，能够有效调节空间的使用。一般用于阳台、厨房或者卫生间，其既适用又美观。

🔎 不同种类的折叠门，比比看

1 推拉式折叠门	推拉式折叠门是由多扇门连在一起的，可推移到侧边，占空间较少。特别适合用于卫生间门和厨房门、阳台门
2 侧悬式折叠门	用合页连接多扇折叠开启的门，一般门扇一侧装合页，固定在门框上，另一侧用普通合页连接另一门扇，无导轨和滑轮装置，一般只能挂一扇，不适用于宽大洞口

▶ 材料解惑

折叠门的选购

要先考虑折叠门的款式和色彩应同居室风格相协调。选定款式后,可进行质量检验。最简单的方法是用手触摸,并通过侧光观察来检验门框的质量。可用手抚摸门的边框、面板、拐角处,品质佳的产品没有刮擦感,手感柔和细腻。站在门的侧面迎光看门板,面层应没有明显的凹凸感

No.5 ▶ 推拉门

推拉门相当于活动的间隔,同时兼具开放空间与间隔的双重功能,推拉门通常会选用玻璃作为主材,因为其具有视觉通透、放大空间面积的作用。在玻璃的材质选择上,从透明的清玻璃,到半透明的磨砂玻璃或是装饰效果极佳的艺术玻璃、烤漆玻璃等,都能展现出不一样的装饰效果。

扫码获取
推拉门装饰案例

🔍 推拉门安装施工流程图

● 滑道安装 ——— ● 门扇安装 ——— ● 门上限位器安装 ——— ● 导轨和门下限位器安装 ——— ● 门五金配件安装

🔍 不同固定方式的推拉门,比比看

1 悬吊式推拉门	对吊顶的承重要求比较高,如果是硅酸钙板或水泥板的吊顶,需要在板面上装置厚度不小于1.8cm的木材角料,以此来增加承重力。悬吊式推拉门是将轨道隐藏在吊顶内,因此需要在装修前就进行安装,若是装修后才考虑安装推拉门,则需要拆除吊顶,进行二次施工,成本十分高
2 落地式推拉门	比悬吊式推拉门更加稳固,对地面水平度要求很高,若地面不平整,则会影响施工效果。落地式推拉门需将轨道置于地面,一旦收起推拉门时,轨道将会露出,对于整体的装饰效果有一定的影响

🔍 不同材质的推拉门门框，比比看

1
铝合金门框推拉门

铝合金框体的门具有框硬、质轻、伸缩性好等特点。颜色、款式比较单一，多用于相对隐形的空间，如衣帽间、储物间以及淋浴房

2
木结构门框推拉门

木结构门框的推拉门装饰效果极佳，可以融入大量的装饰元素，如窗棂、雕花等造型设计，多用于室内空间的间隔区分，如推拉式屏风等

No.6 ▶ 百叶窗

百叶窗是通过层层叠覆式的设计保证了家居的私密性。其造型简洁利落，可以灵活调节空间的光照强度，能够保证室内的隐私性，并且开合方便。通常情况下，百叶窗按材质可分为塑料百叶窗与铝塑百叶窗。

🔍 不同材质的百叶窗，比比看

1
塑料百叶窗

塑料百叶窗的韧性较好，但是光泽度和亮度都比较差；在厨房、厕所等较阴暗和潮湿的小房间，宜选择塑料百叶窗

2
铝塑百叶窗

铝塑百叶窗易变色，但是不变形、隔热效果好，隐蔽性高；阳台、客厅、卧室等大房间比较适合安装铝塑百叶窗

🔍 不同开启方式的百叶窗，比比看

1
固定式百叶窗

百叶窗固定安装后不能移动，不便清洁窗户玻璃

3
推拉式百叶窗

占用空间少，适合多种窗户

2
平开式百叶窗

密封性好，比较适合小型窗户或者单扇、双扇窗户

4
折叠式百叶窗

比较适合用于隔断和落地窗使用，窗户较多时安装效果更好

6 厨房选材

No.1 ▶ 炉具面板

炉具的安全性与炉具面板的承载性和炉具的尺寸等因素密不可分。在使用时应留意炉具含烹调物总重量勿超过18kg，同时，炉具直径也不应超过23cm，以避免因直径太大，火苗往锅沿方向延伸造成燃气燃烧不充分，有外泄的危险。

🔍 不同材质的炉具面板，比比看

1 不锈钢

有耐酸、耐高温及久用不易变形的优点，但颜色单调，难与整套厨具搭配，表面易留刮痕

2 钢化玻璃

手感好，可选颜色多，易清洁，导热快，熄火后不宜马上清洁，厚度不应小于8mm

▶ **材料解惑**

6点教你选择炉具

1）清楚了解气源。天然气和液化气的炉具是不通用的，选择炉具前应确认好气源类型

2）炉具的面板材质。不锈钢耐腐蚀耐用，钢化玻璃美观易清洗

3）炉具的进风方式。全进风燃烧更充分，避免造成回火

4）炉具的燃烧方式。有直火和旋流火，后者的燃烧更加充分，更节能，如果追求猛火就选旋流火

5）炉具的点火方式。电子脉冲点火更受欢迎

6）熄火保护。炉具选有熄火保护装置等防护措施多的更安全

No.2 ▶ 油烟机

油烟机是净化厨房环境的厨房电器，能将炉灶燃烧的废物和烹饪过程中产生的对人体有害的油烟迅速抽走，排出室外，减少污染，净化空气，并有防毒、防爆的安全保障作用。

🔍 不同样式的油烟机，比比看

1 壁吸式油烟机
优点：嵌入式外观，与橱柜搭配更完美；直吸式结构，低耗能环保电动机，动力强劲
缺点：价格比较高

2 顶吸式油烟机
优点：吸力强，吸油烟效果好
缺点：体积较大，不适合小面积的厨房

3 侧吸式油烟机
优点：美观，样式新颖且不容易碰头
缺点：吸力不强

4 下排式油烟机
优点：节省空间，油烟吸除率高，设计符合人体工程学
缺点：价格比较高

▶ **材料解惑**

4招教你养护油烟机

1）油烟机的安装高度应恰当，这样既能保证不碰头，又能保证抽油烟的效果

2）为了避免油烟机出现噪声或振动过大、以及滴油、漏油等情况，应定时对油烟机进行清洗，以免电动机、涡轮及油烟机内表面粘油过多

3）在使用油烟机时应保持厨房内空气流通，这样能防止厨房内的空气形成负压，保证油烟机的抽吸能力

4）不宜擅自拆开油烟机进行清洗，因为电动机一旦没装好，就不能保证抽油烟效果，且会增大噪声；最好请专业人员进行清洗

油烟机的选择

油烟机可以根据厨房面积和风格来进行选择。如一字形厨房，油烟机与橱柜的外观相协调即可；U形厨房，油烟机需根据橱柜、厨具的整体外观、色调来调配；L形厨房，多为简约风格，油烟机也可秉承其简约风格进行选购

No.3 ▶ 整体橱柜

　　整体橱柜是由橱柜、电器、炉具、厨房功能用具四位一体组成的橱柜组合。其功能是将橱柜与操作台以及厨房电器和各种功能部件有机结合在一起，并按照厨房结构、面积以及家庭成员的个性化需求，通过整体配置、整体设计、整体施工，最后形成成套产品，实现厨房工作每一道操作程序的整体协调，并营造出良好的家庭氛围以及浓厚的生活气息。

🔍 整体橱柜施工流程图

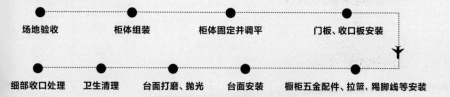

场地验收　　柜体组装　　柜体固定并调平　　门板、收口板安装

细部收口处理　卫生清理　台面打磨、抛光　台面安装　橱柜五金配件、拉篮、隔脚线等安装

🔍 不同材质的橱柜，比比看

1 实木橱柜
高档实木橱柜材质有柚木、樱桃木、胡桃木、橡木、榉木；中低档有水曲柳、柞木、楸木、桦木、松木及泡桐木等。实木橱柜环保美观，纹路自然，给人返璞归真的感觉，且坚固耐用

2 三聚氰胺板橱柜
以刨花板为基材，在表面覆盖三聚氰胺浸渍过的计算机图案装饰纸，用一定比例的胶粘剂高温制成。外观漂亮，图案丰富，表面平滑光洁，容易维护清洗，比天然木材更稳定

3 烤漆橱柜
分为UV烤漆、普通烤漆、钢琴烤漆、金属烤漆等。形式多样，色泽鲜亮美观，有很强的视觉冲击力，表面光滑，易于清洗

4 防火板橱柜
采用硅质材料或钙质材料为主要原料与一定比例的纤维材料、轻质骨料、胶粘剂和化学添加剂混合而成。表面色彩丰富，纹理美观，防潮、防污、耐酸碱、耐高温，易于清洁

🔍 不同材质的橱柜，比比看（续）

5 吸塑橱柜	将中密度板进行PVC膜压形成，有亮光和亚光两种。具有防水、防潮的功能，色彩丰富，木纹逼真，且门板表面光滑易清洁，没有杂乱的色彩和繁复的线条

U形橱柜的布局，十分适合正方形的厨房，实木材质更显美观

▶ 材料解惑

橱柜门板的检验准则

　　橱柜门板类型较多，不同的饰面板又有不同的检验标准。如封边类饰面板，应检查封边接口，若封边不牢，接口处"狗牙"多，则质量不好；无封边的饰面板，应检查整体平整度、光泽度和颜色，若表面不平整、无光泽或是颜色有差异，则说明橱柜门板质量差。另外，还可从橱柜门板铰链孔处看使用的基材质量，如果基材为中纤板，则质量不好

7 卫生间选材

> ⚘ **要点提示：**
>
> **碳化木 + 桑拿板 + 洁具 + 淋浴房**

No.1 ▶ 碳化木

碳化木是经过碳化处理的木材，以高温热风去除木材内部水分，使其失去腐朽因素。具备防腐特性，不易变形，耐潮湿，稳定性高，室内外皆可使用。

⌕ 碳化木的种类，比比看

1 表面碳化木	木材表面具有一层很薄的碳化层，对木材性能的改变可以类比木材的涂装，但可以突显表面凹凸的木纹，产生立体效果
2 完全碳化木	经过200℃左右的高温碳化技术处理的木材，具有较好的防腐防虫功能，是真正的绿色环保产品。深度碳化防腐木广泛应用于墙面、厨房装修、桑拿房装修、家具等许多方面

▶ **材料解惑**

碳化木的优点

1）碳化木安全环保。它是不含任何防腐剂或化学添加剂的完全环保的木材，具有较好的防腐防虫功能

2）碳化木含水率低，耐潮、不易变形，是不开裂的木材

3）碳化木加工性能好，克服了产品表面起毛的弊病，经完全脱脂处理，涂布方便

4）碳化木里外颜色一致，泛柔和绢丝样亮泽，纹理变得更清晰，手感温暖

No.2 ▶ 桑拿板

桑拿板是卫生间的专用板材，一般选材于进口松木类和南洋楹木，经过高温脱脂处理，使其具有防水、防腐、耐高温、不易变形等优点。

🔍 不同基材的桑拿板，比比看

1 红雪松桑拿板 是天然的防腐木材，无节疤，纹理清晰，色泽光亮，质感好，做工精细

2 樟子松桑拿板 是目前市场上最流行的产品，价格低，质感好

3 花旗松桑拿板 尺寸稳定，不易变形，加之有天然的芳香，很适合用于桑拿房

▶ 材料解惑

用桑拿板的优势

家居装修中会用桑拿板作为卫生间、阳台的吊顶，桑拿板具有易于安装，且拥有天然木材的优良特性，纹理清晰、环保性好、不变形，而且优质的进口桑拿板材经过防腐、防水处理后具有耐高温、易于清洗的优点，除此之外，在视觉上也打破了传统的吊顶视觉感

No.3 ▶ 洁具

洁具是指在卫生间应用的陶瓷及五金家居设备，包括坐便器、面盆、配套卫生洁具等。

🔍 不同功能的洁具，比比看

1 水龙头 分为铜质和不锈钢两种材质。不锈钢水龙头的应用最为广泛，有着物美价廉的优点。在选择时应从材质、功能、造型等多方面来综合考虑

🔍 不同功能的洁具，比比看（续）

2 花洒	花洒可以根据业主的使用习惯来选择，手提式花洒比较灵活，使用时可以随意冲淋；头顶式花洒固定在头顶位置，支架入墙，不具备升降功能，不过花洒头上有一个活动小球，用来调节出水的角度，活动角度比较灵活；体位花洒则是安装在墙内，具有多种安装位置和喷水角度，带有按摩作用
3 面盆	**材质分类**：陶瓷面盆造型可选度高，经济实惠；不锈钢面盆结实耐用、容易清洁，价格较高；玻璃面盆美观时尚，选择时需注意面盆壁的厚度，需达到19mm，以保证面盆的耐冲击性与耐破损性。 **样式分类**：台上式面盆安装方便，便于收纳洗漱用品；台下式面盆易清洁，更加节省洗手台的空间；立柱式面盆整个面盆以立柱为支撑，节省空间，非常适合小卫生间使用；壁挂式面盆也是一种比较节省空间的面盆类型，配合嵌入式排水系统，美观度更高
4 坐便器	**样式分类**：连体式坐便器水箱与座体合二为一，安装方便、造型美观；壁挂式坐便器水箱零件隐藏在墙壁内，坐便器悬挂于壁面，节省空间，清洁无死角，可连续冲水 **冲水原理分类**：直冲式坐便器利用水流的冲力来排除脏污，存水面积小、冲污效率高；缺点是冲水声音大。虹吸式坐便器的排水结构管道成S形(倒S形)，池内存水量大，冲水声音小；防臭功能比直冲式坐便器好，但是不如直冲式坐便器省水

No.4 ▶ 淋浴房

　　淋浴房划分出独立的浴室空间，可以有效地将浴室做到干湿分区，方便清洁的同时还能使浴室更加整洁，十分适用于卫生间面积小的家庭使用。

🔍 淋浴房施工流程图

● ─────── ● ─────── ● ─────── ●
测量尺寸，安装地基　弹线确定框架位置　钻孔、固定淋浴房框架　准备安装钢化玻璃

● ─────── ● ─────── ●
安装淋浴门把手　安装磁性胶条　安装淋浴门

🔍 不同造型的淋浴房，比比看

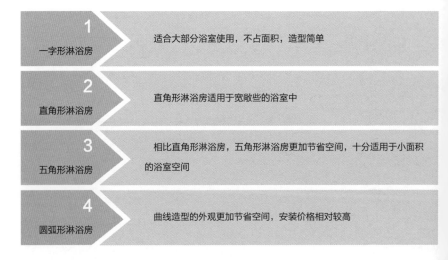

1 一字形淋浴房 —— 适合大部分浴室使用，不占面积，造型简单

2 直角形淋浴房 —— 直角形淋浴房适用于宽敞些的浴室中

3 五角形淋浴房 —— 相比直角形淋浴房，五角形淋浴房更加节省空间，十分适用于小面积的浴室空间

4 圆弧形淋浴房 —— 曲线造型的外观更加节省空间，安装价格相对较高

▶ **材料解惑**

淋浴房门板的检验准则

1) 看板材。首先观察钢化玻璃的表面是否通透，有无杂点、气泡等；其次注意玻璃的厚度，至少应达到5mm

2) 检查防水性。确保淋浴房的密封胶条的密封性好，才能起到防水的作用

3) 看五金。淋浴房门的拉手、拉杆、合页、滑轮及铰链等配件是不可忽视的细节，这些配件的好坏将直接影响淋浴房的正常使用

4) 看铝材。如果淋浴房的铝材的硬度和厚度不够，淋浴房使用寿命将会很短。合格的淋浴房铝材厚度均在1.5mm以上，同时应注意铝材表面是否光滑，有无色差和砂眼以及表面光洁度情况

卫生间先装浴霸还是先吊顶

卫生间应先装浴霸、排风扇，然后再做吊顶。千万不要把排风扇或浴霸直接用螺钉安装在铝扣板上，可用膨胀螺栓直接吊在顶部的混凝土上；如果排风扇的排气软管比较长(超过1m)，最好让工人将其固定在顶部，否则，打开排风扇时排气管也会随之振动。固定方法非常简单，只需要使用透明胶带来固定就可以

第 3 章
色彩运用必读篇

比起装饰材料与设计造型，家居配色更能有效地营造空间氛围，更直观、更具有视觉冲击力。本章从色彩的基础知识讲起，由浅入深地讲解了色彩与居室环境的关系，还针对了不同房间功能、不同色彩印象以及不同居室风格进行分析，为具有不同需求的人提供实用的家居配色指导。

1 色彩的基础知识

🔆 要点提示：

色彩的基本概念＋色彩的关系＋色彩的感觉＋室内色彩的角色分配＋居室配色的作用＋结合空间使用者配色＋根据房间功能与用途配色

No.1 ▶ 色彩的基本概念

色彩是最为敏感和最具有表现力的一种形式要素，它的性质直接影响着人们的感情，是能营造出各种不同审美情趣的装饰元素之一。

色相

色相是色彩的首要特征，是色彩所呈现出的面貌。除了黑、白、灰三色之外，其他所有颜色都有属于自己的色相属性。自然界中的色相都是由红、黄、蓝三原色演化而来的。

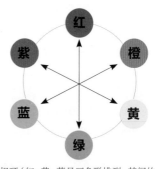

色相环（红、黄、蓝呈三角形排列，其间的橙、绿、紫被称为中间色）

明度

明度是指色彩的明亮程度，明度越高的色彩越明亮，明度越低的色彩越暗淡。其中明度最高的颜色是白色，明度最低的颜色是黑色。

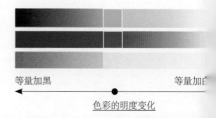

等量加黑 ◀ ▶ 等量加白

色彩的明度变化

纯度

纯度又称饱和度或彩度,指色彩的鲜艳程度。在家居配色中,纯度高的颜色给人感觉活泼,加入白色调和则让人觉得柔和,加入黑色调和可让人感觉沉稳。纯度最高的颜色是纯色,纯度最低的颜色是黑、白、灰三种无彩色。

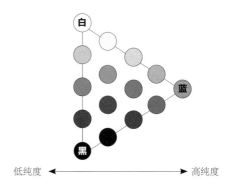

低纯度 ◀━━━━━━━▶ 高纯度

No.2 ▶ 色彩的关系

在十二色环上,颜色之间产生了近似、互补、对比等概念,利用这些颜色进行组合,使配色呈现的视觉冲击感也不尽相同。如对比色色感强烈、近似色较为平和,而互补色则显得活跃。

近似色

色环上任意相邻的三个颜色被称为近似色。近似色的组合不会过于强烈,既能给人带来和谐、舒适的感觉,也不会显得过于单调。

互补色

互补色是色环上相对的两种颜色,色彩差异比较明显,能够突出对比效果,常见的互补色有红色与绿色,蓝色与橙色,黄色与紫色。

对比色

色相环上相距120°~180°之间的两种颜色,称为对比色。常见对比色有黄色和蓝色、紫色和绿色、红色和青色,任何色彩和黑色、白色、灰色,以及深色和浅色,冷色和暖色,亮色和暗色,都是对比色关系。

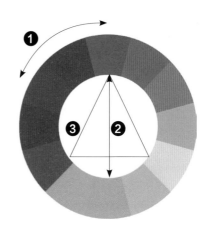

1) 色环中邻近的颜色为近似色

2) 色环中180°相对的两个颜色为互补色

3) 色环上相距120°~180°之间的两个颜色是对比色

▶ **色彩解惑**

互补色与对比色的区别

1）对比色的范围比互补色广，包含色相对比、明度对比、冷暖对比、纯度对比、面积对比，也包含互补色对比

2）互补色是对比色的一个方面，包含在对比色当中；对比色没有包含在互补色当中

3）在配色方案上，一种颜色的对比色有两种配色方案；而一种颜色的互补色只有一种配色方案

4）在配色方法上，对比色的色彩搭配是将色环上划分120°范围，找出两边相对应的一组色彩进行搭配；互补色的色彩搭配是在色环上成180°相对应的一对色彩

5）无论是对比色，还是互补色，都不是描述一种颜色，而是描述一对颜色或者一组色彩关系

No.3 ▶ 色彩的感觉

色彩的运用是室内组成的重要部分，掌握色彩特性，熟知色彩关系，了解人对各种色彩的感知，也是一种改善空间效果的有效途径。

🔍 不同颜色的心理效应，比比看

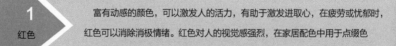

1 红色	富有动感的颜色，可以激发人的活力，有助于激发进取心，在疲劳或忧郁时，红色可以消除消极情绪。红色对人的视觉感强烈，在家居配色中用于点缀色
2 黄色	所有颜色中纯度和明度最高的颜色，具有轻盈、明亮、热情的特点，象征阳光、快乐和喜悦。在室内配色中可根据室内情况用于背景色或主题色
3 橙色	由红色与黄色混合组成的颜色，象征着活泼、华丽、开放。橙色用于室内配色能让人感觉到无限的舒适与放松
4 蓝色	给人的感觉洁净而清爽，可以消除人的负面情绪。在室内配色中蓝色可以为空间营造一种安静闲适的氛围
5 绿色	一种最具自然感的颜色，是生命和自然的象征。在室内配色中，绿色可以烘托房间氛围，使人感到安静平和

🔎 不同颜色的心理效应，比比看(续)

6 紫色	给人的感觉是神秘且深刻的，是精神与情感的象征，属于一种能给人带来高贵感的颜色。由于介于冷色和暖色之间，在室内配色中多用于女性房间
7 黑色	有着千变万化的象征意义，在心理角度上黑色象征着防御；在室内配色中，黑色有着高雅、时尚、干练的美感，是品位与视感的象征
8 白色	是一种极具包容性的颜色，给人带来和平、希望和可信赖的感觉。在居室配色中，白色也象征着简约、干净
9 灰色	是介于黑色和白色之间的颜色，富有智慧。在现代风格居室配色中占有重要地位

色彩的冷与暖

暖色。暖色调的色彩有红色、黄色、橙色等。在室内配色中暖色能让人感到温暖、温馨。朝北的房间室内温度低，自然光线不佳，适合明度较高的暖色调。

冷色。青色、蓝色属于冷色调。在室内配色时运用冷色调颜色可以营造安静的空间氛围，让人感到放松和自在。朝南的房间光照条件好，可以采用冷色系；朝西的房间下午炎热，整体配色也适合用冷色。

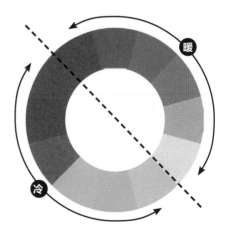

色彩的前进与后退

前进色。暖色相、低明度、高纯度的颜色为前进色，空旷或狭长的房间可以使用前进色来装饰墙面，以缩小空间距离感，使房间看起来丰满紧凑。

后退色。冷色相、高明度、低纯度的颜色为后退色，狭小的房间宜选用后退色，以拓宽空间在视觉上的宽敞感。

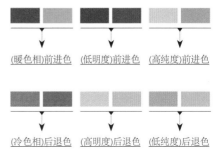

(暖色相)前进色　　(低明度)前进色　　(高纯度)前进色

(冷色相)后退色　　(高明度)后退色　　(低纯度)后退色

色彩的膨胀与收缩

膨胀色。暖色相、高明度、高纯度的颜色都是膨胀色，比较宽敞的房间为了避免产生空旷、荒凉的感觉宜使用膨胀色。

收缩色。冷色相、低明度、低纯度的颜色是收缩色，狭小的房间可以采用收缩色，能增加空间在视觉上的宽敞感。

色彩的轻与重

轻色。轻色指的是色彩在视觉上的轻盈感，一般浅色给人上升感，同明度、同纯度的条件下，暖色更轻；同一色相，高纯度的颜色较轻。层高较矮的房间可以在顶面选用轻色。

重色。重色指的是色彩在视觉上的重量感，一般深色给人下沉感，同明度、同纯度的条件下，冷色重；同一色相，低纯度的颜色较重。重色适合用来装饰地面，在空间感上能够增加上下空间的距离。

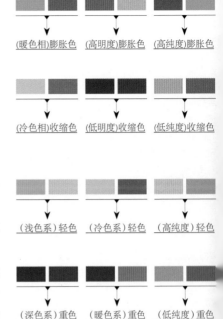

(暖色相)膨胀色　(高明度)膨胀色　(高纯度)膨胀色

(冷色相)收缩色　(低明度)收缩色　(低纯度)收缩色

(浅色系)轻色　(冷色系)轻色　(高纯度)轻色

(深色系)重色　(暖色系)重色　(低纯度)重色

No.4 ▶ 室内色彩的角色分配

室内空间的一事一物都需要以颜色呈现，它们之间的角色如何建立，谁轻谁重、谁主谁辅，都要有明确的角色定位，才能更好地搭配空间色彩。

主题色

主题色在空间中所占面积不一定最大，却有重要的影响力，包括大件家具、装饰织物等构成视觉中心的物品，是整个居室配色的中心色，其他颜色的搭配要以它为基础。

▶ **色彩解惑**

主题色可以这样搭

主题色的选择通常有两种方式，一应产生鲜明、生动的效果，可以选择与背景色或辅助色成对比关系的颜色；二应整体协调、稳重，可以选择与背景色、辅助色相近的同相色或类似色

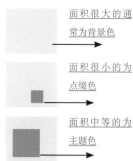

面积很大的通常为背景色

面积很小的为点缀色

面积中等的为主题色

主题色与背景色对比

床和床头柜的深棕色是主题色，与背景色浅蓝色形成鲜明对比，让空间配色更有层次感

主题色与背景色相近

沙发的米色是主题色，与背景色的白色相近，使整体配色平稳、协调

背景色、点缀色、主题色比例示意

辅助色

与主题色相辅相成，用来丰富空间意境的其他颜色被称为辅助色。其视觉重要性和面积次于主题色，常用于陪衬主题色，使主题色更加突出。通常用于体积较小的家具，如短沙发、椅子、茶几、床头柜等。

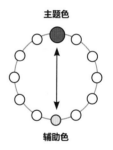

主题色

辅助色

主题色与辅助色对比

沙发的深灰色是主题色，与辅助色的白色对比鲜明，使整体配色明快、生动

主题色与辅助色相近

沙发的米色是主题色，与辅助色的原木色相近，使整体配色和谐、平稳

辅助色可以通过作为互补色或对比色来突显主题色

▶ **色彩解惑** ⋯⋯⋯⋯⋯⋯⋯⋯⋯⋯⋯⋯⋯⋯⋯⋯⋯⋯⋯⋯⋯⋯⋯⋯⋯⋯⋯⋯⋯⋯⋯⋯⋯⋯⋯⋯

辅助色的选择原则

辅助色应与主题色在明度、饱和度或色相上有明显差异，面积比例也不应高于主题色。可以多挑选跳色进行对比，突显主题色的存在感与分量，让空间色彩有主有辅，由此风格营造得更加生动、有趣

背景色

背景色常指室内的墙面、地面、顶棚表面面积大的色彩。它们构成了室内陈设（家具、饰品等）的背景色，是决定空间整体配色印象的重要角色。

▶ 色彩解惑

背景色选择法则

参照整体风格及业主喜好，尽量使用柔和协调的色调，以提升空间的亲和度。如果想让空间鲜明有张力，可以选择色相差较大的背景色；如果追求平和低调，则可搭配色相差较小的背景色

弱色背景色更柔和

柔和的浅色作为背景色，营造出一个温馨、安逸的空间氛围

强色背景色更热烈

明快的蓝色作为背景色，整个空间显得活泼而又富有层次感

点缀色

点缀色所占的面积最小，如抱枕、地毯、花盆、灯具或装饰画等用于局部点缀的装饰品的颜色。

▶ 色彩解惑

点缀色应选择高纯度的亮色

出现在居室内的桌子、抱枕、灯罩、装饰画等元素中的点缀色，如果纯度过低，和整个空间的背景色、主角色、辅助色缺乏对比，会使配色效果显得单调、乏味

点缀色柔和

低明度、低纯度的颜色作为点缀色，配色效果平和、稳重

点缀色鲜艳

提高点缀色的明度与纯度，其虽然面积不大，但却能使整体色更有层次、更加生动

No.5 ▶ 居室配色的作用

利用室内色彩,改善空间效果。充分利用色彩的物理性能和色彩对人心理的影响,在一定程度上从视觉方面改变空间尺度、比例、分隔、渗透,改善空间效果。除了考虑业主的喜好外,也应使色彩符合不同房间的功能性。

弥补房屋缺陷

优化居住环境是进行居室配色的初衷。如利用配色让面积狭小的房间,看起来更加宽敞;让朝向不理想的房间看起来更加温暖、舒适;让层高较低的房间看起来不显压抑,空间感更强。

高明度、低纯度的背景色,在视觉上让人感觉更加开阔

配合不能更改的原色

房间通常会有一些不能更改或是不便于更改的颜色,如低矮的房间内,顶面、地面的颜色受空间限制必须选择上浅下深的配色方案,在进行后期色彩规划时必须参考这些不能更改的原色,也就是说,后期购进的家具、窗帘、地毯等软装元素要以这些色彩为基础来进行选择。

地面颜色较深且不能改动,沙发可以选择暖色或中性色调,以进行调和,削弱地面的厚重感

个人喜好的考量

根据业主的喜好和审美进行配色,通常将业主喜欢的颜色放在首要位置,这样就能使居室整体配色的效果与使用者心里产生强烈的共鸣,让房间的一事、一物、一色都能流露出浓郁的感情色彩,身处于这样的环境中,会让人更有归属感与成就感,随之而来的是浓浓的喜悦感和幸福感。

选择业主喜爱的风格及心仪的色彩组合装饰房间,更有归属感

No.6 ▶ 结合空间使用者配色

室内色彩的构成必须充分考虑功能要求, 应先认真分析每一空间的使用性质, 如儿童居室、单身男女的居室与新婚夫妇的居室, 由于使用对象不同或使用功能有明显区别, 空间色彩的设计就必须有所区别。

扫码获取
不同使用者房间
的配色案例

婚房的配色技巧

喜庆传统式婚房。红色是中国婚房的传统色彩, 将红色作为点缀, 用在床品、窗帘、抱枕、地毯等元素中。

柔和婉约式婚房。粉色、紫色能使整个婚房都散发着女性柔和、温婉的气息, 也可以作为点缀使用。

明快清爽式婚房。在白色中适当加入一些蓝色, 可以避免大面积白色带给人的空洞感, 还可以烘托一个明快、清爽又不失喜庆感的婚房。

清新脱俗式婚房。黄色是一种清新、鲜艳又带有喜悦感的颜色。搭配绿色可以中和黄色的轻快感, 使整个空间既有色彩的跳跃感, 又不失清新感。

喜庆浪漫的色彩

女性房间的配色技巧

活泼、开朗的女性空间色彩。用黄橙色与琥珀色的色彩组合, 很具亲和力, 再添加少许的黄色会更显活泼; 或用淡黄的明朗色调营造出欢乐、诚挚的气氛。窗帘等软装元素宜采用活泼的图案, 来表现轻松与舒适的氛围。

温馨、浪漫的女性空间色彩。以粉色、淡黄色为主的高明度配色, 能展现出女孩子所追求的甜美、浪漫的感觉, 同时配上白色或适当的冷色, 能让空间色调更趋于平静、柔和。淡淡的暖色调, 再辅以轻柔的软装饰物, 能营造出一个温馨、浪漫的世界。

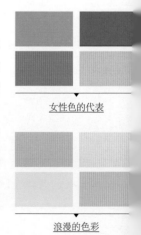

女性色的代表

浪漫的色彩

优雅高贵的色彩

干练知性的色彩

单身男性空间的色彩

已婚男性空间的色彩

中老年男性空间的色彩

婴儿房的色彩

男孩房的色彩

高贵、优雅的女性空间色彩。比高明度的淡色稍暗，且略带混浊感的暖色，更能体现出女性优雅、高贵的气质，色彩搭配时注意避免过强的色彩反差，保持过渡平稳。

干练、知性的女性空间色彩。用冷色系搭配柔和、淡雅的色调和低对比度的配色，能体现出女性清爽、干练的气质。在设计风格上应突出冷峻中兼容温柔的特点。

男性房间的配色技巧

单身男性的空间色彩。蓝色、黑色、灰色无疑是最能表现出男性特点的颜色。想要展现出男性的理性气质时，蓝色和灰色是不可或缺的颜色，同时与具有清洁感的白色搭配，则能显示出男性的干练和力度。

成年已婚男性的空间色彩。已婚男性的空间设计在突出男性力量感的同时，应兼顾女性的柔和与夫妻共同空间的浪漫氛围。选用白色、米色等更中性的颜色为最佳，家具选择稍微暖一点的深色，既表达了男性的力量感，又不失女性的柔美。

中老年男性的空间色彩。深暗色调更容易被中老年人接受，因为深暗色调显得传统考究，深暗的暖色和中性色能传达出厚重、坚实的印象，如深茶色和深绿色等。

儿童房的配色技巧

婴儿房的色彩搭配。婴儿房的装饰色彩应该清爽、明朗、欢快，不宜用深色。如浅粉红色、浅蓝色、淡黄色、明亮的苹果色或者草绿色等比较适宜。

男孩房的色彩搭配。搭配男孩房可选用不同明度的蓝色、绿色。蓝色能消除紧张情绪，可适当作为主色调，但颜色不宜过深，以浅蓝色为宜。绿色是和平色，能起到镇静作用，有益消化，促进身心平衡。

女孩房的色彩搭配。女孩房在色彩和空间搭配上最好以明亮、轻松、愉悦的颜色为主,不妨再多点对比色。粉红色是最适合女孩的颜色,不仅可以表现女孩温柔的性格,而且看起来非常舒适。配色上可以采用粉色加白色,二者相互呼应,既干净又大方。

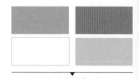

女孩房的色彩

No.7 ▶ 根据房间功能与用途配色

扫码获取
不同功能房间
的配色案例

房间的配色应根据其功能与用途的不同做出相应的调整。如客厅的大部分颜色主要是中性的,即在冷暖色调之间,地板、顶棚和墙壁应该选用有包容性的浅色;卧室是最放松的地方,不宜以鲜艳的色彩为主,一般选用中性的色彩,给人一种温暖、和谐的气氛。

客厅的色彩搭配

在色彩选择方面应做到风格统一,客厅的空间一般较大,所需放置的物品也较多,所以客厅的背景色应选择包容性大并能与窗帘、沙发、电视墙相协调的色彩,如白色或浅米色等。

以淡色调为背景色的居室给人舒畅、素净的感受,点缀色鲜艳明快,为客厅加入积极愉快的氛围元素

餐厅的色彩搭配

餐厅的色彩宜以明朗轻快的色调为主,最适合用的是橙色系。整体色彩搭配时,应注意地面色调宜深,墙面可用中间色调,吊顶的色调则宜浅,以增加稳重感。如果餐厅家具颜色较深,可通过明快、清新的淡色或蓝白、绿白、红白相间的台布来衬托。

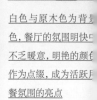

白色与原木色为背景色,餐厅的氛围明快中不乏暖意,明艳的颜色作为点缀,成为活跃用餐氛围的亮点

白色与淡淡的草绿色作为背景色，安逸柔和，也让小卧室具有一份开阔感

适当的绿色加入书房的背景色中，能够起到缓解工作压力的作用，也能与白色、黑色、金色、深茶色协调搭配

白色作为背景色与主题色的厨房，是最能给人带来洁净感的配色，利用炊具、果蔬等元素的色彩进行点缀即可

卧室的色彩搭配

卧室顶部多用白色，墙壁可选用明亮且宁静的色彩，如黄色、黄灰色等浅色，能够提升房间的开阔感；地面一般采用深色，地面的色彩不宜和家具的色彩太接近。

书房的色彩搭配

在搭配书房色彩时，最佳的选择就是安静的颜色，以暗灰色为主。同时注意与其他空间的色彩进行调配。书房不宜选择黄色，黄色虽然明亮而天然，但它会减慢思考的速度，假如长期接触，会让人变得慵懒。选用绿色的盆栽来调配书房的装饰色彩，不仅能缓解神经紧张，而且对保护视力也有好处。

厨房的色彩搭配

厨房是一个需要亮度和舒适度的空间，所以不能使用明暗对比十分强烈的颜色来装饰墙面或者吊顶，这会使整个厨房面积在视觉上变小，厨房墙面的色彩应以白色或浅色等明度较高的色彩为主。

卫生间的色彩搭配

卫生间在色彩搭配上，应强调统一性和融合感。过于鲜艳夺目的色彩不宜大面积使用，以减少色彩对人心理的冲击。色彩的空间分布应该是下部重、上部轻，以增加空间的纵深感和稳定感。常见的卫生间用色大多是浅色或者白色，因为这些颜色让人感觉干净。

玄关的色彩搭配

玄关的地面颜色可以深一点，这样的话看起来会比较厚重，如果希望地面能够更明亮一点，可以采用深色的石料包边，而中间部分采用颜色比较浅的石料。如果想在玄关位置铺上地毯的话，应该选择四周颜色比较深、中间颜色比较浅的地毯。玄关处吊顶的色调宜轻不宜重，玄关吊顶的颜色如果太深的话，会形成上重下轻的感觉，给人造成非常强烈的压迫感。

白色与浅灰色作为背景色，用木色衬托暖意，让小卫生间的色彩和谐又富有层次

白色作为主题色与背景色，强化了玄关的简约格调，无须刻意设立其他色彩作为装饰，随手放置的手提包或围巾即可使小空间的色彩丰富起来

2 点亮家居的配色技巧

☼ 要点提示：

优化居室氛围的配色技巧 + 创造不同色彩印象的配色技巧

No.1 ▶ 优化居室氛围的配色技巧

不同类型的颜色组合在一起，给人以不同的感受，有效合理地对居室进行色彩搭配，可以使室内氛围更理想化，继而增加生活情趣，提高审美品位。

利用色相差提升房间舒适感

色相差越小的空间融合度越高，能传达出一种平和、内敛的视觉感。其中同相型配色和类似型配色，这两种配色方式的色差极小，选用这些色差小的配色能产生稳定、温馨、恬静的效果。

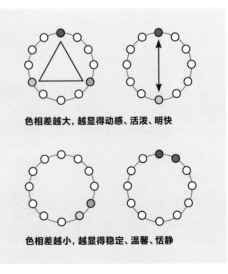

色相差越大，越显得动感、活泼、明快

色相差越小，越显得稳定、温馨、恬静

明度差与色相差的组合

减小色彩的明度差，能够营造安稳柔和的居室氛围。在色差较大的情况下，使明度靠近，则配色整体给人的感觉更安定。但需避免明度差与色相差都很小的配色方案，这样容易给人带来乏味、单调之感。可将明度差和色相差结合运用，如明度差过大，则减少色相差，两者此消彼长的搭配更有益于营造居室氛围。

增大明度差
地面与墙面的明度差较大，给人的感觉不够柔和

减小明度差
缩小墙面与地面的明度差，空间配色变得柔和清爽

添加邻近的过渡色调节空间

居室配色的组合至少需要两种或两种以上的颜色才能构成，加入与其中任一种颜色色相相同的颜色会让空间配色更有整体感。还可以选择添加同类色，让色彩更有连续的递增感，体现整体色感的融合度。反之，如果选择与前两种色相相反的颜色，所形成的对比会让配色效果更有张力。

紫色与黄色，形成的对比强烈，却很单一

加入黄色的邻近色，作为过渡，配色会更有细节感

同时加入紫色和黄色的邻近色，削弱了对比效果，增添色彩之间的融合感

通过色彩的重复运用，促进整体空间融合感

将相同色彩在不同位置重复运用，能够达到视觉上的共鸣，这种共鸣主要体现在相同色彩的相互呼应上，是促进整体空间融合感的最有效手段。

蓝色是最突出的颜色，但是给人的感觉很单一、很孤立，整体感不强

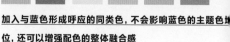

加入与蓝色形成呼应的同类色，不会影响蓝色的主题色地位，还可以增强配色的整体融合感

邻近色组成色彩的渐变型

相对的颜色构成间隔型色彩组合

利用渐变色的排列变化营造氛围

色彩的渐变可分为色相的变化和明度的变化。如从红色到蓝色的变化属于色相变化;而从暗色调到明色调的变化则为明暗变化。色相渐变按照色相顺序排列后产生的配色效果十分沉稳;而分隔排列则会使空间更富有动感。同样,明度渐变从上而下的排列会让重心居下,给人的感觉十分沉稳;若是间隔排列,则会在视觉上更具有动感。

No.2 ▶ 创造不同色彩印象的配色技巧

合理且成功的居室配色应先遵循业主的喜好与愿望,喜爱简洁时尚的色彩印象需要明快而干净的颜色组合来表现;朴素自然的色彩印象适合选用中明度、低饱和度的暖色来表现;而柔和清爽的色彩印象则需要在淡色调到白色这个区域的颜色中选择。

扫码获取
不同色彩印象
的配色案例

简洁时尚的色彩印象

白色、灰色、黑色、银色等无彩色能给空间带来简洁、时尚的色彩印象,同时与低纯度的冷色搭配,则可以为空间增添朴素感,若添加茶色系,则能够增添厚重感,可以更加有力地打造时尚简约的生活品位。

▶ 色彩解惑 ⋯⋯⋯⋯⋯⋯⋯⋯⋯⋯⋯⋯⋯⋯⋯⋯⋯⋯⋯⋯⋯

用灰色彰显时尚睿智

灰色的时尚与睿智能够给空间带来很强的时尚感,搭配稍具温暖感的茶色系,可以使整个空间氛围更具有厚重感

灰色+蓝色经典时尚的配色手法

灰色与蓝色的搭配是经典的配色之一,能够体现出空间的规整与整齐感。同时灰色又是现代时尚风格色彩印象中不可或缺的颜色,能够体现出空间使用者的干练与理性

40/32/34/0   41/38/33/0

61/38/25/0   41/32/25/0

65/46/38/0   73/28/3/76

60/47/64/0   36/47/64/0

朴素自然的色彩印象

中明度、低饱和度、暖色调的色彩比较能够展现出一种温和、自然、朴素的色彩印象，通常包括棕色、绿色、黄色等一些源于泥土、树木、花草等自然元素的色调。

▶ **色彩解惑** ⋯⋯⋯⋯⋯⋯⋯⋯⋯⋯⋯⋯⋯⋯⋯⋯⋯⋯⋯⋯⋯⋯⋯⋯⋯⋯⋯⋯⋯⋯⋯

绿色+茶色是最自然的配色

茶色是大地色系中最具代表性的色彩之一，象征着泥土；而绿色则代表着树木，是最亲近自然的色彩。茶色与绿色相搭配，能够传达出柔和、朴素、自然的色彩印象

以绿色为中心色

如果说绿色象征着草木，那么红色、粉色或黄色等色彩则象征着花卉。用绿色作为主题色，运用红色、粉色或黄色作为辅助色或点缀色，这种源于自然的配色能够营造出舒适、朴素、自然的空间色彩印象

39/25/52/0   49/27/44/0

55/35/60/0   94/0/86/0

70/54/100/15   46/39/78/0

53/71/100/20   56/87/100/42

明快有朝气的色彩印象

鲜艳明亮的色调能够营造出一种明快又有朝气的色彩印象，选用鲜艳的纯色调与明亮的明色调，可以使空间明艳有张力，营造出愉悦又活泼的空间氛围。

▶ **色彩解惑** ⋯⋯⋯⋯⋯⋯⋯⋯⋯⋯⋯⋯⋯⋯⋯⋯⋯⋯⋯⋯⋯⋯⋯⋯⋯⋯⋯⋯⋯⋯⋯

多种色彩组合更显活泼的配色手法

选择三种高饱和度、高明度的色彩进行组合搭配，可以有效地增强空间的活泼感。其中以冷色调为中心，可以给人一种清凉的感觉；以暖色调为中心，则使活力更加鲜明；以鲜艳色调为中心，则可以使空间充满朝气

鲜艳的暖色也能体现活力

鲜艳的黄色或橙色等暖色，具有热情洋溢的感觉，是表现活力与朝气必不可少的色彩之一。与蓝色、紫色、绿色进行搭配，可以形成鲜明的对比或互补，从而营造出一个活力四射的空间色彩印象

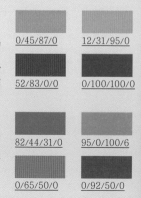

0/45/87/0   12/31/95/0

52/83/0/0   0/100/100/0

82/44/31/0   95/0/100/6

0/65/50/0   0/92/50/0

柔和清新的色彩印象

从淡色调到白色的高明度色彩区域中的各颜色，能够体现出清新的视觉效果。其要点是以冷色调为主，色彩对比度应低一些，整体的配色才能达到理想的融合感，从而营造出一种柔和、清新的空间色彩印象。

▶ 色彩解惑 ‧‧

冷色+白色也会有柔和清新的美感

蓝色或绿色的明度越是接近白色，就越能体现出清新、爽快的色彩印象。此外，清新感的塑造离不开白色的渲染，无论是与蓝色还是与绿色组合，都会使整个空间显得十分整洁、清爽

浅灰色的细腻与柔和

高明度的灰色能够体现出空间的舒适与整洁，与浅色调的蓝色或绿色相搭配，则会传达出轻柔、细腻的色彩印象

0/0/0/0	30/16/13/0
36/0/11/0	57/0/60/0
16/11/8/0	27/22/24/0
50/38/38/0	60/48/48/0

浪漫甜美的色彩印象

要表现浪漫甜美的色彩印象，可以选用明亮的色调来营造出一种甜美、梦幻的空间氛围，其中以粉色、紫色、蓝色为最佳。

▶ 色彩解惑 ‧‧

用粉色营造空间氛围

明亮柔和的粉色能够给人带来一种甜美、梦幻的感觉，以粉色作为背景色，再搭配适当的淡黄色进行点缀，可以使整个空间的氛围更加浪漫、甜美；若与蓝色相搭配，则可为空间注入一丝纯真的气息

紫色或红色也能演绎甜美感

低纯度高明度的紫色为主题色或背景色，给人的感觉是温柔、甜美的，适当地点缀一点红色或是蓝色、蓝绿色等色系，会呈现不一样的浪漫境界

6/30/11/0	32/37/10/0
14/62/11/0	5/10/43/0
52/68/44/0	45/83/33/9
76/43/28/0	43/11/25/0

3 不同居室风格的配色技巧

🔔 **要点提示：**

现代风格配色技巧 + 中式风格配色技巧 + 美式风格配色技巧 + 田园风格配色技巧 + 北欧风格配色技巧 + 日式风格配色技巧 + 地中海风格配色技巧

No.1 ▶ 现代风格配色技巧

　　现代风格色彩常以白色、灰色、黑色为主，选择饱和度较高的色彩作为跳色，或选用一组对比强烈的色彩来进行点缀，以彰显空间的个性。

扫码获取
现代风格居室的
配色案例

现代风格常用配色技巧

　　无彩色系+暖色。无彩色与高饱和度的暖色相搭配，能够营造出活泼、时尚的空间氛围；若与低饱和度的暖色相搭配，则可以使空间更加温暖、亲切。可以根据空间的使用功能或使用人群来选择是与高饱和度的暖色搭配还是与低饱和度的暖色搭配。

▶ 色彩支招：现代风格常用色速览

28/23/27/0	39/32/31/0	0/0/0/0
51/71/100/20	0/0/0/100	80/37/14/0
80/37/14/0	60/0/65/0	0/67/78/0

无彩色系+冷色。 以黑色、白色、灰色中任意一种或两种色彩与冷色相搭配。如用白色作为背景色，再以蓝色和灰色作为点缀或辅助配色，就能营造出简洁、舒适的空间氛围。

无彩色系。 以白色作为主要配色，可以使空间简洁、宽敞；以黑色为主，则大大增强了整个空间的神秘感与沉稳感；以灰色为主，则突显了空间配色的时尚与睿智。

多色彩+白色。 多色彩组合配色的最佳搭档非白色莫属，白色的加入既能弱化多种色彩带来的喧闹感，又能使整个空间看起来更加整洁、明亮。

对比色。 对比配色法一般可分为色相对比与明度对比两种，如果想要打造视觉冲击力较强的空间氛围，可以选用色彩对比；若想表达一种相对柔和的空间意境，则适合运用明度对比。

棕色系+白色。 棕色系可以用于背景色或主题色，为避免大面积使用给空间带来的厚重感，可利用白色进行调和。

No.2 ▶ 中式风格配色技巧

扫码获取
中式风格居室的
配色案例

传统中式风格主要以代表喜庆与吉祥的红色、黄色、蓝色作为主要色调；而新中式风格则以黑色、白色、灰色三色组合或与大地色进行搭配组合，以营造出一个典雅、素净的风格空间。

▶ **色彩支招：中式风格常用色速览**

16/18/100/0	41/70/87/10	0/100/100/0
70/90/100/30	40/50/60/0	0/10/30/10
5/15/0	80/37/14/0	75/19/39/0
7/0/100/0	0/0/0/40	0/0/0/0

中式风格常用配色技巧

红色/黄色+大地色。 以棕红色、棕黄色、米色、茶色为主色调，采用红色或黄色作为辅助或点缀搭配，便能塑造出吉祥富贵的传统中式风韵。

白色/米色+黑色。 如果空间面积较小，可以白色或米色为背景色，而黑色作为主题色运用在主要家具中，如此便可以使整个空间看起来更加宽敞、明亮；若面积充足，可适当加大黑色的使用面积，以增强整个空间的稳重感。

白色+灰色。白色+灰色的配色手法在运用时可不受空间大小的限制，可以以任意一种色彩为主题色，而以另一种色彩为辅助色。若想为空间增添一些活力，可适当融入一些蓝色或绿色作为点缀；若想增添空间的厚重感，则可加入棕色、茶色等大地色系。

大地色+白色/浅色。用白色作为背景色，能有效地弱化大地色的沉重感；也可以用米色来代替白色，使空间氛围更加柔和、温馨；不同明度的大地色与黄色搭配，能演绎出传统中式风格尊贵、奢华的特点。

对比色。中式风格中对比色的运用，是传统中式风格用色的延续，主要以红色与蓝色、黄色与蓝色、红色与绿色等为主。色彩的明度不宜过高，使用面积不宜过大，通常体现在布艺或工艺品等元素中。

No.3 ▶ 美式风格配色技巧

传统美式风格多以茶色、咖啡色、浅褐色等大地色系作为主题色，通过相近色进行呼应，使空间展现出和谐、舒适、稳重的氛围；现代美式风格以暖白色或粉色系等具有洁净感的色调为主，再搭配灰色、黑色或咖啡色等素雅内敛的颜色作为第二主题色，营造出鲜明、利落、时尚的空间氛围。

扫码获取
美式风格居室的
配色案例

美式风格常用配色技巧

大地色系。墙面、地面及家具都可以选用不同深度的棕色、米色、咖啡色或茶色等大地色，再通过不同材质的色彩表现来突显层次，营造出一个古朴、厚重的美式风格空间。

大地色系+白色/奶白色。以白色或奶白色作为背景色，棕色、咖啡色等相对厚重的色彩作为主题色或辅助色，可营造出明快又稳重的空间氛围；若与米色调相搭配，则会使整个空间的色调过渡更加平稳，让整个空间更加柔和、舒适。

▶ **色彩支招：美式风格常用色速览** ……………………

0/10/30/0	6/13/34/0	19/28/39/0
39/42/43/0	26/39/59/0	14/25/77/0
31/42/82/0	47/58/91/4	36/50/55/0
51/39/70/0	71/2/89/0	7/63/9/0

大地色系+粉色系。用粉红色、粉蓝色、粉绿色或紫红色作为空间立面的主题色,再搭配带有自然木色的地板或家具,为整个甜美的空间注入一丝温馨沉稳的气息,既弱化了粉色调的虚无缥缈,又能让人感受到美式风格的踏实与自然。

大地色+绿色。以棕色、咖啡色、茶色或米色作为空间的背景色与主题色,而绿色仅体现在窗帘、抱枕、坐垫、地毯等软装元素中,这样既不会破坏空间的整体感,又能给传统的美式风格带来新鲜感。

单一色调。单一色调并非只用一种色彩,而是将同一色相中的两种或三种颜色重复运用,在产生和谐律动感的同时,也使整个空间更加融合,更具整体感。

无彩色+暗暖色。以轻柔干净的浅色为主调,如米白色;再运用灰色、黑色、咖啡色等内敛的色彩来装饰吊顶与地面,与白色形成鲜明的对比,从而营造出一个利落、时尚的美式风格空间。

No.4 ▶ 田园风格配色技巧

扫码获取
田园风格居室的
配色案例

田园风格在色彩方面以黄色、粉色、绿色、白色、蓝色等色彩为主。利用同一色相中的两到三种色彩进行搭配,然后再选择一种深色或浅色进行点缀,以彰显活力与自然的气息。

▶ **色彩支招:田园风格常用色速览** ·········

10/0/70/0	45/10/100/0	60/0/65/0
0/10/50/0	40/0/20/60	0/10/30/0
0/60/0	38/41/70/0	0/33/15/0
0/90/100/30	60/70/100/25	20/40/40/20

田园风格常用配色技巧

绿色+白色。绿色是最能代表田园风格特点的色彩之一,可以作为背景色、主题色、辅助色或者点缀色运用在田园风格空间内,可深可浅、可明可暗,与白色搭配,能够彰显出田园风格清新、自然的韵味。在运用绿色+白色这种配色进行居室色彩搭配时,如果室内空间较小,建议将白色作为背景色,可大面积使用,而绿色则更加适合作为辅助色或点缀色使用。

浅绿色+浅黄色+白色。浅绿色一直是表现空间清新的用色代表，能使空间更加自然、明朗。以浅绿色作为主题色，白色作为背景色，再用浅黄色作为辅助色或点缀色，可使整个空间给人一种舒适放松的氛围。

绿色+多色彩。绿色搭配黄色，可以使空间显得更加温暖、舒畅；与粉红色搭配，则显得更加甜美。可以将多种高明度、低饱和度的色调融入带有草木花卉图案的窗帘、抱枕、椅套等元素中，以此来丰富空间层次。

大地色+白色/米色。大地深色与白色系搭配运用，增添了空间清新自然的氛围，同时又不失乡村田园风格的温暖与亲切。

大地色系组合。运用大地色系进行配色时，建议运用浅淡的米色作为背景色，以保证空间明亮清新的感觉。深色调则更加适用于木质家具或沙发等元素。

大地色+多色彩。大地色系与多色彩搭配，可以将蓝色、绿色、粉红色、紫色、黄色等多种色彩体现在壁纸、窗帘、抱枕、地毯等元素中，再适当地搭配咖啡色、棕色或褐色的木质家具或地板，可营造出活泼、淡雅、细腻的色彩氛围。

No.5 ▶ 北欧风格配色技巧

北欧风格善用原木色来表现空间的自然气息。此外，黑色、白色、灰色、绿色、蓝色、黄色、粉色等色彩的搭配运用，使空间的整体色彩氛围更加活泼、明亮，给人以干净明朗的感觉。

扫码获取
北欧风格居室的
配色案例

北欧风格常用配色技巧

原木色。原木色作为空间主题色时，通常会选用大面积的白色或浅色作为背景色，再以原木色来减缓白色或浅色带来的冷意，衬托出悠闲舒适的风格特点。

绿色。木色与绿色同属于低饱和度、中明度的色相，两者搭配自然和谐，若融入适当的米色、咖啡色、乳白色等色调，便能体现出北欧风格自然悠闲的美感。

▶ **色彩支招：北欧风格常用色速览**

40/0/70/0	45/0/100/0	60/0/65/0
80/37/14/0	83/37/37/0	16/18/100/0
26/39/59/0	19/28/39/0	39/42/43/0
0/0/0/100	0/0/0/30	0/0/0/0

蓝色。若要营造柔和、纯净的空间氛围，可以选择淡浊色调的蓝色与白色或浅灰色进行搭配；若想要营造简洁、舒适的空间氛围，则可以选用饱和度相对高一些的蓝色与白色、灰色、原木色进行搭配。

白色+灰色+棕色。棕色与白色、灰色进行搭配，一来可以使视线清爽无压力，二来可以有效衬托棕色，让空间更有层次感。可以选用白色来装饰墙面及吊顶，以降低棕色的木质元素给人带来的烦躁与压迫感。

无彩色+黄色。以黑色、白色为主题色，加入黄色可以有效地为空间增添跳跃感，同时与自然的原木色色温相符，既能延伸出丰富的层次感，又不会显得过于突兀。

No.6 ▶ 日式风格配色技巧

扫码获取
日式风格居室
的配色案例

日式风格最大的特点是注重自然之感，配色上讲究协调统一。以原木色为主，通常与白色、米色、浅咖色、淡灰色等素雅的色彩组合搭配，局部点缀绿色，营造干净清爽的家居氛围。

日式风格常用配色技巧

白色+木色+绿色/红色。日式家居空间配色基本呈现低饱和度，白色、原木色、米色是常用色，也可再适当加入少量的大红、大绿等饱和度高的亮色进行点缀。

高级灰色+原木色。高级灰色+原木色是日式家居空间中使用率最高的配色手法，多用于家居中等面积的陈设上。原木色与灰色忠诚于自然本质，彰显出素朴、雅致的品位，作为过渡色能很好地强化整体风格。

多色点缀。选用绿色、蓝色、黄色等亮色作为空间的色彩点缀，以提升色彩层次。此类色彩通常用于体积小、可移动、易于更换的物体上，如抱枕、植物、花卉、织物中，面积不大却有较强的表现力。

色彩支招：日式风格常用色速览

10/30/0	39/42/43/0	19/28/39/0	26/39/59/0	60/70/100/25	40/0/70/0
5/10/100/0	0/0/0/0	80/37/14/0	82/37/37/0	40/0/20/60	70/10/50/0

No.7 ▶ 地中海风格配色技巧

扫码获取
地中海风格居室的
配色案例

地中海风格源于希腊海域，以粗犷的肌理、夸张的线条与花草藤蔓的围绕作为体现古朴原始风貌的重要装饰手段。其色彩一方面以蓝白色调相搭配，能给人带来一种干净而又清爽的感觉；另一方面则充分运用大地色系，来演绎沉稳低调的风格韵味。

地中海风格常用配色技巧

蓝色+白色。使用蓝色作为主题色，白色作为背景色或辅助色，可以体现出清新、凉爽的海洋韵味；或者以蓝白相间的图案形式出现，可以丰富空间色彩的层次感。

蓝色+米色+白色。相比蓝白搭配的清爽与干净，米色的融入与白色形成了微弱的层次感，为配色效果增添了柔和的美感。

蓝色+对比色。将浅色调的蓝色作为背景色，再点缀黄色与红色或黑色与白色；也可以运用白色或浅淡的黄色作为背景色，蓝色作为主题色，而后搭配少量的对比色进行点缀。

土黄色+红褐色。土黄色与红褐色可以很好地塑造出地中海风格的质朴感，色彩源自北非特有的沙漠、岩石、泥、沙等自然景观，再辅以北非土生植物的深红色、靛蓝色，加上黄铜色，营造出地中海风格如大地般的浩瀚感觉。

大地色系+绿色+白色。以白色或棕黄色、棕红色等大地色为背景色，以绿色作为点缀色或辅助色。如白色的墙面与吊顶搭配棕黄色或棕红色的木地板，再融入绿色的草木作为点缀装饰，就可让人感觉到自然的气息。

大地色系+蓝色。大地色系与蓝色的搭配，兼备了亲切感与清新感。若用蓝色作为主题色，则能使空间更具有稳重感；若以大地色作为主题色，则令空间更加亲切、自然。

▶ **色彩支招：地中海风格常用色速览** ··

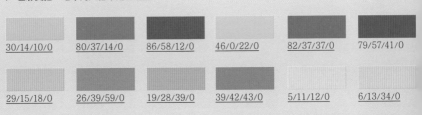

| 30/14/10/0 | 80/37/14/0 | 86/58/12/0 | 46/0/22/0 | 82/37/37/0 | 79/57/41/0 |
| 29/15/18/0 | 26/39/59/0 | 19/28/39/0 | 39/42/43/0 | 5/11/12/0 | 6/13/34/0 |

第 4 章

软装搭配必读篇

软装可以根据居室空间的大小格局、业主的生活习惯、兴趣爱好以及经济情况，来策划装饰方案，体现出业主的个性品位。本章节介绍了在不同空间中，家具、布艺织物、灯饰、饰品等软装元素的特点、布置方式与搭配技巧。

1 常见软装元素

⚐ 要点提示：

装饰图案 + 窗帘与地毯 + 灯具 + 装饰画 + 花艺 + 饰品 + 家具

No.1 ▶ 装饰图案

装饰图案不仅可以营造良好氛围，还能让不同的风格特点更加突出。如浓郁的色彩搭配繁复的图案，可以让空间的氛围更有奢华感；简洁时尚的图案可以衬托出较强的现代感；中国传统图案可以让中式传统韵味更加浓郁。

埃及古典图案

以宫廷或狩猎场景等为主题

卷草纹图案

将忍冬、荷花、兰花或牡丹等花草图案连续呈S形波状曲线排列

佩斯利图案

极富古典主义气息

中式吉祥图案

以云纹、回字纹为主

现代几何图案

线条简单、利落

大马士革图案

一种写意的花形

No.2 ▶ 窗帘与地毯

窗帘与地毯是家居设计中不容忽视的布艺元素,合适的窗帘或地毯,运用协调和舒适的图案,与硬装线条、家具及其他装饰品搭配在一起,就能营造出舒适的生活氛围。

常用窗帘样式

平开帘
沿着窗户平行移动的窗帘为平开帘,其样式简洁,无任何装饰,分为一侧平拉式和双侧平拉式

罗马帘
很有层次感,装饰效果华丽;按形状可分为折叠式、扇形式、波浪式

折帘
灵活性强,可以根据功能需求进行调节;折帘更适合用于装饰风格简洁的居室

卷帘
收放自如,其中人造纤维卷帘遮光性好,比较常用

▶ **软装解惑**

窗帘的选择

若只考虑空间明亮度、高度、格局、风格等因素,窗帘可选的材质、色系和花样相当繁多, 但是都要与空间内的家具、墙面、地面、顶面及设计风格相协调,这样才能保证软装搭配的和谐性

不同材质的地毯

毛地毯
羊毛为原料,弹性好、有光,装饰效果好

混纺地毯
以毛纤维与各种合成纤维混纺而成的地面装饰材料,花样繁多,物美价廉

▶ **软装解惑**

地毯的选择

地毯是家居设计中不容忽视的元素,其可以丰富家居装饰的层次,同时具有分隔空间的作用。一块合适的地毯,选用协调和舒适的图案,与硬装线条、家具及其他装饰品搭配在一起,就能营造出舒适的生活氛围

No.3 ▶ 灯具

好的灯光设计不仅能满足人们的正常生活需求，也能满足审美需求，营造出一个别具格调的居室氛围。

居室内的灯光类型

居室内的灯光类型可以总结为环境光、轮廓光、焦点光三种。环境光作为基础照明光源，照明范围较大，如吸顶灯、嵌灯、吊灯；轮廓光则主要用于墙壁、顶棚的轮廓，营造空间层次感，增加室内的形式美感，如灯带、灯槽；焦点光的照明范围较小，光照比较集中，着重营造局部的氛围，如筒灯、落地灯、台灯。

环境光

轮廓光

焦点光

一些营造氛围的灯饰搭配小技巧

灯具既是功能元素又是装饰元素。是室内装修不可或缺的一部分，在设计初期就应构思好光源位置并预留足够的插座。

混合使用灯光，是营造居室氛围的法宝。除了广泛地使用顶灯，还可以选择落地灯、台灯、吊灯等，混合使用主灯、背景灯、漫射光和灯带，提高照明品质可以使室内光源更加丰富多样。

确定局部重点照明，会有意想不到的惊喜。局部灯光能让空间更有层次，吸引人们的视线，利用这一特点，可在墙壁上设计局部照明，不但会引人注意，还能让空间在视觉上显得更大。

阴影也可以成为居室亮点。毫无死角的照明，会让整个空间缺乏层次感，看起来很不舒服，适当地运用一些低瓦数的灯光为室内创造一小块阴影，也不失为一种营造氛围的小技巧。

> ▶ 软装解惑
>
> **家居中的照明方式**
>
> 家居的照明设计有基础照明、局部照明、混合照明三种方式。基础照明是为照亮整个空间而采用的照明方式，通常由对称排列在顶棚上的若干照明灯具组成。局部照明是在一定范围设置照明灯具的照明方式。如床头灯、台灯等范围的光源灯源。混合照明是由功能照明和局部照明组成的，目的是增加工作区的照度，减少工作面上的阴影和光斑

不同样式的灯具

吊灯

环境光源，基础照明

吸顶灯

环境光源，基础照明

射灯

焦点光源，局部照明

移动灯具

环境光源，局部照明

落地灯

局部照明

台灯

局部照明

壁灯

焦点光源，局部照明

上/下照灯

焦点光源，局部照明

No.4 ▶ 装饰画

　　装饰画的突出特点是兼具装饰性和欣赏性，其重要价值是满足人们的装饰需求，美化生活，愉悦身心。

装饰画的悬挂方式

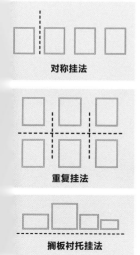

对称挂法

重复挂法

搁板衬托挂法

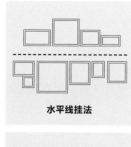

水平线挂法

方框线挂法

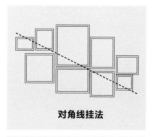

对角线挂法

放射式挂法

赋予墙面灵魂的装饰画布置技巧

照片搭配图片的组合。把照片与几张喜欢的图片组合在一起，任意选择一种排列方式，都能使平平无奇的墙面获得不一样的灵魂。

统一画框。组合排列的装饰画不能做到颜色上的统一，但可以在画框上进行统一，这样能使多种元素巧妙地融合在一起，增强互动性。

黑白色调的艺术感。墙面画作统一选用黑白色系，即使没有统一的主题，也会呈现出不一样的艺术气息。

画框也能出彩。可以考虑在排列好装饰画的墙面上，穿插几个空白的画框，所呈现的视觉感是完全不一样的，还可以将画框涂成不一样的颜色，以丰富空间色彩层次。

No.5 ▶ 花艺

将花卉、植物经过构思、制作而创造出的艺术品，能够起到柔化空间、增添生气，抒发情感、营造氛围、美化环境、陶冶情操的作用。花艺植物的运用讲究的是与周围环境和气氛协调融合，其比例、色彩、风格、质感上都需要与其所处的环境融为一体。

▶ 软装解惑 ·····

让花束长时间保持新鲜的方法

根据花种选择水量。不同的鲜花对水位的需求也不一样，常规水位是不要超过花瓶高三分之二的位置，三分之一为最佳，深水养花会增加花的湿度，加速枝条的腐烂，滋生细菌。尤加利、玫瑰、康乃馨适合低水位，百合、睡莲、苍兰则喜欢高水位

避免阳光直射。室内温度会影响鲜花的花期，温度越高花朵绽放得越快，花期也就越短

醒花、切花茎。斜切或十字形修建花茎，可以增大吸水面；当花朵有些打蔫时，可以将鲜花深水浸泡2h左右，喝饱水后的花朵就会重获新生

经常换水，保证花瓶的清洁度。根据花种每天或隔天给花换水并彻底清洗花瓶，避免细菌滋生

易打理的家庭植物

发财树	绿萝
富贵竹	吊兰
芦荟	虎皮兰
万年青	薄荷
幸福树	龟背竹
天竺葵	马醉木

No.6 ▶ 饰品

家居饰品包含餐厅、客厅、卧室、书房、厨卫等空间的陈列装饰品，如瓷器、玻璃器皿、金属制品、木质饰品等能够为居室增添无限情趣与美感的陈列物。

为居室注入灵魂的装饰技巧

不贪多、不拥挤。装饰品的摆放并不意味着需绝对平衡，随意且率真才是摆放装饰品的目的，只需要注意摆放得不要太过紧凑、拥挤即可。

从业主最喜欢的物品开始。这是选择饰品的第一要点，如果喜欢阅读，可用几本书作为装饰品；喜欢运动可以布置一些带有运动元素的摆件，总之一定是最心动的装饰元素。

装饰品之间存在的共性。布置装饰品时，除了尺寸、材料和颜色之外，应保证饰品之间的彼此协调，体现出每个元素之间的共性，才能突显布置的用心，赋予空间美感。

不同材质的饰品

陶瓷饰品

一种可观赏、可把玩、具有投资、收藏价值的饰品

树脂饰品

形象逼真，造型丰富

玻璃饰品

色彩鲜艳、通透，具有一定的艺术价值

琉璃饰品

色彩流云漓彩、美轮美奂，品质晶莹剔透、光彩夺目

晶饰品

莹剔透、典雅美观，具欣赏和收藏价值

木质饰品

做工精细，风格各异，色泽自然，是一种具有收藏价值的工艺品

金属饰品

造型丰富，线条流畅适用于任何装修风格的家居

编织饰品

手工编织而成的工艺品，质感天然、朴素

No.7 ▶ 家具

家具是维持人们正常生活不可或缺的要素之一，家具的种类、风格、材质的选择应与居室整体风格相协调。

选择家具材质的技巧

应与整体风格统一。不同材质的家具给人带来的视觉感受是不一样的，如金属、玻璃类家具现代感很强，适合现代风格的居室选用；实木家具则适合用在中式、欧式等一些带有古朴韵味的空间。

注意日常使用的安全性。家具的材质也影响着使用的安全性，如果家中有老人和儿童就不适合选择金属、玻璃类家具。

根据使用空间的性质来选择。居室空间受功能、湿度以及光照等因素影响，在选择家具时，应充分考虑。

根据个人经济实力选择。通常来讲板式家具的价格要低于实木家具，对于预算有限的家庭可以考虑选择物美价廉的板式家具。

第1步：前期恰当划分室内区域，明确分区功能
↓
第2步：排除活动空间，整体确定计划配置区域
↓
第3步：根据分区尺度确定家具尺度和布局形式，综合考虑电器设备位置
↓
第4步：明确室内风格，测量、获取家具尺度
↓
第5步：对原有方案进行调整
↓
第6步：深化设计尺寸
↓
第7步：室内硬装饰施工完成，配置已选家具，按原则布局
↓
第8步：根据家具风格选配织物、陈设，对室内细部进行补充

定制家具设计流程图

不同材质的家具

板式家具

实木家具

金属家具

玻璃家具

藤质家具

布艺家具

塑料家具

2 不同空间的软装搭配

要点提示：

客厅的软装布置 + 餐厅的软装布置 + 卧室的软装布置 + 书房的软装布置 + 玄关的软装布置

No.1 ▶ 客厅的软装布置

利用软装元素装饰出一个舒适的客厅，会让人心情愉悦、身心放松，使整个家居氛围散发出和谐、乐观、安宁的气息，这样的客厅又能体现出业主的品位，还能折射出业主的信仰。

扫码获取
客厅软装搭配案例

客厅家具与人体工程学

沙发的宽度最好占整个墙面宽度的1/2或1/3，高度不应超过墙面高度的1/2，沙发入座深度通常为85~95cm；沙发与茶几之间不可通行的距离为40~45cm，可通行的距离为~91cm；沙发前的茶几高度大约为40cm。大型茶几的平面尺寸有的可达1.2m×1.2m，则高度会相应降低到25~30cm，以提升视觉稳定感。

软装解惑

沙发的选择小技巧

长方形的客厅，应选择L形样式的沙发，其既能充分利用客厅的长度，又能利用家具的布置在视觉上缓解狭长感；正方形客厅则适合选用对坐式或围坐式的沙发布置方式，充分利用客厅的宽度及家具的布置，让客厅看起来更加饱满，不显得空旷；不规则形状的客厅，可以选择自由摆放的方式，来缓解不规则户型带来的尴尬，同时还能彰显业主不拘一格的搭配个性

客厅沙发的布置方式

一字形沙发布置法

适合小面积客厅，沙发沿着一面墙呈一字摆放，前面放置茶几即可，这样的布局能节省空间，增加客厅活动区域

L形沙发布置法

适合小面积客厅，沙发组合形式变化丰富，最适合方形客厅

U形沙发布置法

是最常见的客厅沙发摆放形式，能够充分利用空间，适合任何类型的客厅

围坐式沙发布置法

以一张大沙发为主体，配上两个单人扶手椅或者扶手沙发的围坐式家具摆放法，适合中等大小长方形的客厅使用

对坐式沙发布置法

将两组双人或三人沙发左右对称式摆放，茶几放在两组沙发中间，可以根据客厅的面积大小来选择三人或双人沙发

客厅茶几的材质分类

木质茶几

浅木色茶几适合与浅淡色泽的皮沙发或布艺沙发搭配；雕花或拼花的木质茶几适合应用于古典风格的空间中

大理石茶几

外观时尚，而且容易清理，不易损坏，大理石茶几自身比较重，不适合经常挪动

玻璃茶几

采用金属作为支架，质感通过造型颇具现代感，能够使空间得更有朝气

厅电视柜的材质分类

柜式电视柜

状大致与地柜类似，占用空
极少

组合电视柜

收纳功能强大，整体感强

板架式电视柜

样式简洁利落，占用空间少

造幸福感的客厅软装细节

　　规划好客厅使用属性。确认业主在客厅中常进行的活动，习惯待的区域。根据是否经常有人来确定座位数。

　　制造一个亮点。客厅中需要有一件特别有个性的物品，为整个房间的装饰风格确定基调。以用一幅画、一块大地毯或是一个大沙发，抑或是一面超大的落地窗来为客厅添彩。

　　保证充足光线。客厅的光线不应太暗，也不应摆放太多夸张的物品，避免太多图案和复杂物品出现在一个空间内。

　　增添可以装饰的灵动性。借助图案来营造客厅氛围时，可以用一些重复的图案运用于纺品中，这样可以使客厅看起来更加灵动、舒适。

　　适当的怀旧情结，可以制造惊喜。客厅的布置并不是所有物品都需要新的，将一件长期陪业主的物品或是一件经典的二手家具放置其中，也能创造出不一样的美感。

　　收纳储物也可以是惊喜。在日常生活中收纳是不可或缺的，一个漂亮的储物柜里，可以摆业主亲手制作的装配品或一件有纪念意义的物品，这都能为客厅的布置制造无限惊喜。

No.2 ▶ 餐厅的软装布置

　　餐厅是人们享受美食的空间，因此无论是硬装设计还是软装置，都应该让人感到放松、愉悦。

厅家具与人体工程学

　　餐桌与墙面的距离为80~100cm；餐桌与上方灯具应预留~75cm的距离；餐椅距离餐桌不能小于80cm，否则会影响舒适餐桌与其他空间的通道最好保持在65~115cm的距离；餐椅的度一般约为38cm，而餐桌则应高出餐椅30cm。

扫码获取
餐厅软装搭配案例

营造幸福感的餐厅软装细节

跳跃色的餐椅。可以考虑选择在成套的餐椅中加入一把样式不同或色彩鲜明的椅子，出挑的颜色及造型会让人眼前一亮。

制造桌面上的亮点。餐厅中家具的布置方式若缺少独立性和活力感，可以在桌面装饰上用心思，搭配一面带有民族风的桌旗或是一套别致的餐具都可以成为点睛之笔。

适当改变椅子的样式。用长凳来替换两把常规的成套的椅子，在拉近就餐者距离的同时，也是一种活跃用餐氛围的小技巧。

灯具营造别样氛围。选择造型别致，且可以被视为装饰品的灯具能营造氛围装饰空间，也是一种常用的软装搭配技巧。

花艺点缀美好生活。在餐桌中央摆放鲜花，可以为用餐带来愉悦的氛围和心情，可以根据季节或节日来选择合适的花束，这是一个获得幸福感既简单又有效的方法。

避免墙面太空。若觉得餐厅墙面太空，可以选择以美食或花草为主题的装饰画进行装饰，悬挂的数量不宜过多，简简单单的一幅或两幅即可。

餐桌

餐桌的标准高度为73~77cm

大小与餐厅的面积相匹配

餐边柜

餐边柜的主要功能是收纳，

有嵌入式和半高式两种

选择适合自己的餐桌椅

餐桌的大小可参考餐厅的面积。应根据餐厅的空间大小来确定餐桌的大小，两者之间的比例为1：5与2：5之间。通常一套餐桌椅的摆放空间最少要留出280cm×140cm的区域，这是最小就餐活动空间的尺寸。

餐桌的摆放可参考餐厅的形状。狭长的餐厅，餐桌的摆放应尽量靠墙，这样可以预留出过道，保证空间动线畅通；开放式的餐厅中，餐桌的摆放位置以不影响居室动线为前提，可以考虑摆放在靠墙或人不常走的位置。

餐桌椅的造型可参考餐厅的面积。大面积的餐厅可以选择长餐桌，保证用餐的舒适度还可以用来填充餐厅多余的面积；餐厅面积较小时，餐桌椅可以选择简洁的样式，最好不带复杂的雕花，既能营造简洁的空间氛围，也能为餐厅预留出充足的活动空间。

餐桌与灯具的搭配，高度应合理。一般家庭装修餐厅都会选择吊灯，吊灯与桌面距离是70cm左右，这个高度可以使灯光照整个餐桌而没有死角，如果距离太远会光不足，如果距离太近有可能会碰到头不方便使用。

No.3 ▸ 卧室的软装布置

扫码获取
卧室软装搭配案例

简单、整洁、不拥挤、色调柔和、温馨舒适是卧室软装布置所要达到的目标。在这个有限的空间中包含着舒适的床、柔和的色彩、温暖的灯光等,都是卧室中最基本的构成元素。

卧室家具的人体工程学

床的一般高度在30cm左右,再加上床垫后可达到50~60cm,过高或过矮都会影响使用的舒适度;床摆放在卧室中应保证床尾距离墙面50~60cm,床侧则为40~50cm,这样的距离可以使卧室拥有良好的活动空间;如果卧室中有衣柜,床的侧面与衣柜的距离应适当的加大,以方便拿取衣物。

卧室家具的布置方式

正方形卧室

同时适合大面积或小面积卧室使用,床与床头柜沿着一面墙呈一字摆放,衣柜沿着转角处的墙面放置即可,这样不会影响衣柜开门,也可以避免床正对窗户,这样的布局能节省空间,保证卧室动线畅通

长方形卧室

同时适合大面积或小面积卧室使用,床头柜或梳妆台与床沿着一面墙呈一字摆放,衣柜放在正对床位处,这样的布置方式符合室内结构特点,床也不会正对着门了

让卧室舒适放松的软装布置小技巧

选择合适的颜色。合适的颜色组合能让人产生放松或精力充沛的感觉,卧室中首选的颜色是能让人镇定的颜色,也可以根据业主的喜好,什么样的颜色能让业主感到放松、舒适,就选择此类颜色。

确定卧室需具备的功能。确定卧室中是否需要书桌、梳妆台或可以用来休闲阅读的沙发椅，抑或是是否需要兼具更衣室的功能，这些拓展卧室功能的规划，可以作为选择卧室家具的参考。

地毯是可以提升幸福感的。在卧室的床尾或床侧面布置一张地毯，柔软的触感会让业主觉得十分舒适。可以根据居室的不同风格选择相应材质、造型、图案的地毯。

床是主导卧室整体视觉的主角。选择符合业主生活习惯和喜好的床很重要，床摆放的位置也同样重要。无论是放在窗下还是卧室正中间，都可根据业主的喜好决定。只需要遵循一个原则那就是将床头与卧室里最长的一面墙垂直，这样可以避免门正对着人。

柔软的织物可提升幸福感。布艺元素可以说是卧室的灵魂，亚麻、纯棉、丝绸、羊绒等质地的布艺元素都拥有着良好的触感，散发着舒适与温暖的气息。可根据个人喜好，也可以根据季节变换或节日变换来进行选择。

用兴趣爱好点亮卧室。在卧室中添加一些业主喜爱的小物品，是个很容易体现个性的布置方式，可以是喜欢的书、画、香薰蜡烛或是能唤起美好记忆的藏品。

美化环境舒缓心情的植物。在卧室中摆放植物，其装饰效果可以让人心情愉悦，吊兰、绿萝、铁线蕨等植物还能起到净化空气、促进睡眠的作用。

No.4 ▶ 书房的软装布置

书房是一个能让人集中精力高效工作或学习的地方，但为了避免乏味，可以将一些有趣的物品融入其中，如漂亮的首饰盒、精致的雕塑、复古的瓷器等，这些简单的小细节是业主品位、爱好的最佳呈现。

扫码获取
书房软装搭配案例

书房家具的人体工程学

通常书桌的高度范围最好在70~75cm是符合人体工程学的，太高或太矮都会让长期使用的人产生不适；椅子的高度一般在38~45cm为最佳，这样的高度即使是长时间坐在书桌前，也不会感觉太累。而书柜的深度在30cm左右最好，拿取存放都很方便。

①书桌高度70~75cm；②椅子高度38~45c

书房家具的布置方式

一字形摆法

将书柜、书桌等大家具与墙平行摆放，这样布置显得简洁通透，大窗台与对面的光相互呼应，打造出一个明亮整洁、宁静致远的书房。应注意的是，这样的布置方法更适合采光良好的书房，不太适合一整天需要开灯照明的书房

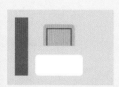

L形摆法

L形摆法的布置特点是将书柜和书桌呈直角摆放，这样的格局能够充分利用空间，显得紧凑却不拥挤，节省空间，适用于面积较小的书房

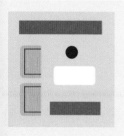

U形摆法

此摆法是将书桌摆放在书房的中间，书柜、置物架等围绕着书桌周围摆放，形成一个中心工作点，这种格局的家具摆放更适合面积较大的书房，能够减少工作台与取物区的距离，且将空间的优势发挥出来，打造出大气典雅的书房

软装元素增添书房的趣味性

确定一个让人舒心的色彩方案。常规的书房配色大都选择柔和的颜色，其实选择一个清爽明快的配色方案，也能让人专注于工作，这种乐观积极的配色布置能让人工作得更加舒心。

书桌尽可能选大的。常规书桌的高度约为74cm，若是书房的空间足够大，可以尽量选择大一点的书桌，如果空间不够大，则可以考虑选择一个折叠书桌。

给书桌找个伴侣。在书桌边上放置一个简单的置物架，用来放置一些经常使用的物品，让书桌桌面保持整洁而不凌乱，这样的书房总是让人觉得舒心，工作效率也会提高。

应选一把舒适的椅子。长时间的工作或学习，很容易疲劳，书房中配置一把久坐不累的椅子是一件非常幸福的事情。

有序收纳物品，桌面饰品不应太多。精美的花卉、精致的笔筒、漂亮的工艺品都可以成为桌面上的主角，不过所选的物品不应过多，因为桌面的整洁有序才是最重要的。

充足的光源与舒适的采光。如果没有充足的阳光，可以利用台灯、落地灯来进行补光，良好的光线是保证阅读舒适的前提；若自然光线充足，则可以为书房配备百叶帘或遮光帘，来调节室内光线。

书架上的主角不只是书那么简单。书架不仅是书本的载体，也是漂亮的盒子、文件夹、瓶或是烛台的展示架，可以产生不一样的装饰效果。

天然元素带来的惊喜。在书桌上摆放一些矮小的绿色植物，如文竹、五针松、网纹草、花等，摆放的数量不宜过多。也可以摆放一些花卉，但颜色不宜过于鲜艳。

No.5 ▶ 玄关的软装布置

扫码获取
玄关软装搭配案例

玄关中的软装布置，主要取决于客厅的风格样式，整体的风格走向不能太过于突兀。

玄关中的软装元素

作为居室的过渡空间，玄关的家具一般以边桌、玄关柜、斗柜和长凳为主；植物则可以据玄关面积的大小与形式选择，面积大的独立玄关可以选择大型植物作为玄关的点睛之处而面积小的开放式玄关应选择小型植物作为点缀；玄关中的布艺物品主要是地毯，用来划空间或作为地垫使用，风格图案及颜色可根据客厅风格来选择。

边桌

斗柜

玄关柜

换鞋凳

玄关家具的布置方式

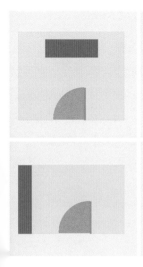

对式布置法

正对门口的位置摆放鞋柜或边桌，适合用于开放式的走廊玄关或门厅式玄关

侧式布置法

入门处的左侧沿墙布置鞋柜或玄关凳，用来收纳或日常换鞋使用。收纳空间大，占地面积小，大小玄关都可以使用

软装元素的点缀，让家一进门就有幸福感

玄关的色调是最吸引人的地方。为玄关制定一个深浅适中的配色方案，应注意与其他空间的衔接与协调，可以有跳跃的颜色，但必须保证与其他空间存在互动，否则会让原本面积不大的玄关看起来格格不入。

用家具进行空间分割。入门的第一件家具可以用来放置一些钥匙、雨伞、鞋子等，有一定的收纳功能还能起到分割空间的作用是最理想的。

灯饰的渲染。射灯、灯带、壁灯或组合的筒灯是玄关灯具的最爱。因为玄关的灯饰搭配不一定需要十分明亮，但应有层次，让人刚踏入家门就能感觉到温馨舒适的居家氛围，是一种十分美妙的感觉。

合理的储物空间规划。让玄关的储物功能更实用，挂钩、编织篮筐等小物品的运用必不可少。

赋予空间魔法的装饰小物。在面积不大的玄关中，摆放一件或两件喜爱的装饰品，很具有吸引力，空间虽小，却被喜爱的东西围绕着，让人感到身心愉悦。

植物是品位的体现。玄关是居室的入口，花艺植物的装饰应展现出主人的品位。可以选择一些较为鲜艳、华丽的花卉。还可以选择树形整齐而高大的木本植物，如垂叶榕等。

3 软装的风格定位

☼ **要点提示：**

现代风格软装 + 中式风格软装 + 美式风格软装 + 新古典主义风格软装 + 北欧风格软装 + 田园风格软装 + 日式风格软装

No.1 ▶ 现代风格软装

扫码获取
现代风格居室软装
搭配案例

现代风格软装的特点是将设计的布局、色彩、材料简化，以符合现代风格高品质、简单实用的特点。

现代风格软装元素

现代风格装饰图案

直线，抽象、对称或不规则的几何图案

现代风格布艺

颜色简洁素雅，花纹图样不会过于烦琐厚重

现代风格家具

以板式家具最具代表性，选~丰富新颖、线条简洁流畅

现代风格饰品摆件

线条简单抽象，选材丰富、样式简约又不失精致美感

现代风格灯饰

样式简单却不乏设计感，极具时代艺术感

现代风格装饰画

夸张、抽象，颜色明快、对比强烈，艺术气息浓郁

现代风格软装搭配小技巧

简约洁净的配色方案。白色与灰色的组合是最能突显明亮、简洁的配色组合，再搭配一些其他颜色，可以活跃空间氛围，比例的把控也很重要，刚柔并进才能突显现代风格的干净、整洁。

家具应简约、实用。家具是软装搭配的关键，木材、塑料、金属、玻璃等材质的家具都能被运用在现代风格的居室中，在注重简洁流畅的设计线条的同时更强调功能性。可以选择对比鲜明但触感舒适的材质，让其成为室内装饰的第一焦点。

简洁素雅的布艺营造舒适氛围。营造自在惬意的氛围，沙发、窗帘这些大面积的布艺元素可以用低调、淡雅的颜色，这样的选择有利于营造出安宁、静谧的氛围和私密舒适的环境；地毯、抱枕等小件物采用几何、花卉等图案更能为居室带来简约的装饰效果。

纯色布艺更能突出时尚感。纯色布艺不仅能打造一片舒适的心灵港湾，还能强调简洁、低调的风格特点，突出家居氛围的时尚感。

明快、抽象的装饰画赋予空间美感。采用夸张、变形、修饰等手法绘制而成的装饰画，其特点就是简练、色彩明快、对比强烈，在房间内布置这样一幅画作，对于整个家居环境可起到点缀、衬托的作用。

造型别致的装饰品成为空间的点睛之笔。具有使用功能的前卫灯具、造型奇特的摆件、新工艺材料的烛台，都具有很强的个性展示效果，给人带来耳目一新的时尚感，成为简洁空间的点睛之笔。

创意十足的不规则灯饰。在客厅或卧室选择布置一盏设计感十足的创意灯饰，可以增强空间的时代艺术感，能在营造氛围的同时为房间提供照明，一举两得。

No.2 ▶ 中式风格软装

　　中式风格的软装设计非常讲究层次感，在需要阻隔视线的地方，通常会设置中式的屏风或窗棂、中式木门或简约的中式博古架等。通过这种空间隔断的方式，单元式住宅就能展现出中式家居的层次之美。以对称、简约、朴素、格调雅致、文化内涵丰富，体现业主较高的审美情趣。

扫码获取
中式风格居室软装
搭配案例

中式风格软装元素

中式风格图案

以龙凤、云纹、回字纹为主

中式风格布艺

融入流苏、云朵、盘扣等元素，色彩华丽，宫廷的奢华感十足

中式风格家具

整体气质恬淡舒适，高贵典雅，中庸大度

中式风格书画

书法字、水墨画、工笔画最能体现文化底蕴

中式风格灯具

搭配上讲究对称，对回字纹、万字纹、流苏等中式元素运用较多

中式风格饰品

寓意美好，处处体现中国文化的精髓

中式风格花艺

"观其叶，赏其形"是中式花艺的最大特点

中式风格软装搭配小技巧

巧用小范围的亮丽色彩增添空间色彩的跳跃感。红色和黄色不仅能渲染出空间喜庆华贵的氛围，也是中式风格经典的配色之一，将明艳的色彩用在软装元素中非常合适。若想营造不一样的氛围，可以在细节上做出调整，加上一些带有典雅视感的色彩，如祖母绿、忧郁蓝、嫣红色等，将其点缀在家具之中，从而增加空间色彩的层次感，让房间的色彩不再显得单调。

让一件家具成为居室点睛之笔。中式风格居室中也会搭配现代风格的家具，形成经典的"古今混搭"，简单的布艺沙发搭配一件古色古香的实木茶几，或是在玄关处摆放一张传统中式条案来代替玄关柜，也会让客厅充满浓郁的中式复古情怀。

用布艺元素打破中式风格的中规中矩。中式风格总是难免会给人一种中规中矩的感觉，为了最大可能地营造出符合业主个性的空间氛围，在床品、窗帘、抱枕、地毯等更换方便的布艺织物选择上可更具个性化，让空间变得更加华丽生动。

利用灯饰的美好寓意强调居室内涵。中式传统灯饰的制作工艺精湛，也强调色彩的对比，图案也有很多选择，云石灯、玻璃灯、羊皮宫灯等都能增添居室古朴、雅致的氛围。

浓淡相宜的水墨国画。水墨画不仅能为居室增添装饰效果，同时还能体现居室主人的高雅品位。

花艺点缀出居室的意境美。除了最常见的梅、兰、竹、菊可以营造出居室意境美的绿植外，松柏、榕树、莲蓬这些禅意十足的植物也可以表现中式风格空间宁静致远的意境，为空间增添高雅、清新的韵味。

充满寓意的纹样装饰。回字纹、云纹与团花纹样是中国传统的装饰纹样，在织物、木雕、家具、瓷器上随处可见，主要用作边饰或底纹，带来整齐而丰富的视觉效果。

①万字格造型的木质格栅
②明黄色的将军罐是整个空间最为亮眼的点缀，与花束形成呼应
③现代中式风格的家具线条简洁、利落

No.3 ▶ 美式风格软装

扫码获取
美式风格居室软装
搭配案例

美式风格强调包容性,可以容纳多种特点,杂糅各种风格,因此美式风格常令人感到休闲、舒适。颜色上以明快为主,泛黄的装饰、做旧的设计,好像一幅乡村风景油画。

美式风格软装元素

美式风格装饰图案

花卉图案、条纹、格子

美式风格家具

选材考究,不会有大面积的雕刻和过分修饰,休闲感十足

美式风格布艺

偏爱纯棉材质,图案以植物为主,如月桂、莨苕、玫瑰

美式风格花艺

偏爱于营造田园氛围,呈现繁花锦簇的美感

美式风格饰品

仿古做旧的艺术品或铁艺、瓷器、树脂等装饰品

美式风格装饰画

花鸟题材、乡村风景油画

美式风格灯饰

灯具造型简洁,却又处处体现复古情怀

美式风格软装搭配小技巧

用一点简单的配色。美式风格主要以原木自然色调为基础，一般以白色、红色、绿色等色系作为居室整体色调。可以考虑在墙面与家具以及陈设品的色彩选择上简单一点，如单一的米色或浅棕色，会让房间显得自然且具有怀旧感。

简单的条纹也很美式。美式乡村风格非常重视生活的自然舒适性，突出格调的清婉惬意，外观的雅致休闲。装饰图案主要以较大的花卉图案为主，若想寻求改变，可以用简单的条纹图案来代替，效果简洁舒适，富有风格特点。

选择一件简约又不失格调的家具。富有格调却又能给人带来宁静安逸的感觉，是美式风格的特点之一。在客厅、书房或卧室放置一件做工考究的实木家具，不需要带有大面积的雕花和过分装饰，仅在腿足、柱子、顶冠等处用雕花点缀即可。

选择一盏业主喜爱的灯饰。温馨舒适的空间内，无论是选择鹿角吊灯、铁艺吊灯还是考究的铜质吊灯，只要是业主喜欢的，都不会显得突兀，反而会让居室氛围显得自然浪漫，散发着自由自在的气息。

以温馨、装饰为主的布艺元素。美式家居中的沙发、床罩，乃至一个小小的抱枕都应用相同或是相似的布料来装饰，以体现风格的整体性。按照美式家具的搭配方式，简洁大方的布料花纹、精致的牛皮、浮华的锦缎等都是不错的选择，这样更能突显出美式家具独有的气质和魅力。

植物元素可以用在很多地方。植物能够带来自然的气息。美式装修风格喜欢体现自然的惬意，所以美式风格的居室内有很多的绿色植物，一般都是终年常绿的植物，房间的地面、柜子及桌子上都可以摆放。

①植物题材的装饰画，清爽秀丽
②暖色调的灯光，增添温馨氛围
③纯棉质地的床品，颜色与其他白色家具相互呼应

No.4 ▶ 新古典主义风格软装

扫码获取
新古典主义风格居
室软装搭配案例

新古典主义风格是现在很多年轻人喜爱的风格之一，从简单到繁杂、从整体到局部，精雕细琢，镶花刻金都透露着业主一份精致生活的人生态度。

新古典主义风格软装元素

新古典主义风格装饰图案

月桂、鸢尾、贝壳、玫瑰等一切能彰显华丽的图案

新古典主义风格布艺

色调华丽，纹理图案十分丰富，材质多以精棉、绒布、真丝、纯麻等较具有质感的面料为主

新古典主义风格家具

描金或描银再搭配精湛的雕花工艺，通过考究的选材展现贵气十足的美感

新古典主义风格灯具

新古典主义风格灯具给人的直观感受是华丽璀璨

新古典主义风格花艺

大朵花艺，彰显古典盛世的雍容华贵

新古典主义风格饰品

新古典主义风格饰品极富艺术特色

新古典主义风格装饰画

油画搭配镀金画框，古典宫廷气息十足

新古典主义风格软装搭配小技巧

让人感到惊喜的白色系。紫色、金色、黄色、暗红色是比较常见的主色调,若运用少量白色糅合,可以使色彩看起来明亮、大方,也能使整个空间展现开放、宽容的非凡气质,丝毫不显空间局促。

局部元素使用传统纹样。新古典主义风格中,布艺饰品、壁纸等元素主要是以莫里斯花纹、大马士革花纹、巴洛克花纹、洛可可花纹等一些以植物题材为主题的传统纹样作为装饰图案。在壁纸、抱枕、地毯、窗帘等元素中选择一种使用,其面积不大,却能成为居室装饰中的点睛之笔。

柔软的布艺沙发也很符合古典风。打造恰到好处的高贵优雅风格,使用柔软的布艺沙发,颜色可华丽、可清爽也可以选择淡淡的米色调,会带来意想不到的奢华与从容之感。

小件装饰物也能成为视觉焦点。用雍容华贵来形容新古典主义风格居室的布艺元素一点也不过分,除了其考究的面料,若想进一步突显华丽气质,可以将金丝花边、银丝花边或盘扣流苏元素融入其中,效果十分出挑。

No.5 ▶ 北欧风格软装

北欧风格追求简洁、直接,强调功能化,贴近自然。同样是崇尚自然,同日式风格不同的是,北欧风格在色彩上更加活泼、明亮,给人干净明朗之感。

扫码获取
北欧风格居室软装
搭配案例

北欧风格软装元素

北欧风格装饰图案
化的花卉图案或带有一丝古韵味的卷草纹都可以

北欧风格家具
钟爱原木,具有很浓的后现代主义特色

北欧风格布艺
棉麻材质带来无限的暖意

北欧风格花艺

注入清新感的植物,仿真花很常见

北欧风格饰品

鹿头是较为经典的北欧风格装饰元素

北欧风格灯具

简洁实用,暖意十足

北欧风格软装搭配小技巧

软装元素色彩以展现柔和温暖为宜。北欧风格的硬装部分会采用大量低调的浅色,软装则可以使用一些柔和的暖色调,再加上中性色的调和,以及亮眼的颜色点缀,更加能够增添家居氛围的温暖感。

家具选原木色或白色最百搭。原木色或白色、亚麻色、浅灰色都可以作为家具的颜色。温暖的色调再搭配简单流畅的线条,呈现休闲惬意的空间氛围,也正是北欧风格居室的最大亮点。

用一张毛绒地毯为空间增温。毛绒地毯温暖的质感给人带来安心的感觉,可以为空间增添柔软舒适的触感,与浅色调的北欧风格十分协调。

质朴又不失格调的布艺织物。抱枕、床品、窗帘、地毯、桌布等元素可以用木藤、纱麻等天然材质。其颜色多选用自然清新的色调,如浅绿色、淡蓝色、淡粉色、素白色等颜色。

独特的鹿头挂饰。墙壁上的鹿头挂饰是最具有北欧风格特色的装饰品之一,在西方,鹿代表着富贵、吉祥、权利,象征着居室主人的追求和向往。

能用于收纳的小物件。编织类饰品所带来的自然、质朴的感觉是不言而喻的,如果再搭配一些布艺或蕾丝等装饰作为内衬,可以在很大程度上增强其实用性和装饰性,深受小清新一族的喜爱。

绿植花艺必不可少。小清新是北欧风格居室的一大特点,因此,绿植与花卉的运用是必不可少的,可以根据居室的空间功能及面积大小来进行选择。

No.6 ▶ 田园风格软装

田园风格的特点就是朴实、亲切、自由，倡导"回归自然"，力求表现悠闲、舒适、自然的田园生活情趣。所以田园风格的软装搭配所表现的主题也是以贴近自然，展现朴实生活的气息为前提。

扫码获取
田园风格居室软
装搭配案例

田园风格软装元素

田园风格装饰图案

条纹图案与小碎花图案都是田园风格的最爱

田园风格布艺

以色彩淡雅的棉麻织物为主，雅致又有休闲感

田园风格家具

手绘家具或刷白、做旧处理的木质家具比较经典

田园风格花艺

藤蔓植物、小朵花卉带来浓郁的田园气息

田园风格饰品摆件

选材自然或以植物为设计原型的饰品

田园风格灯具

将花草树木等自然元素呈现在灯具造型中

田园风格装饰画

田园风格浓郁的花鸟题材油画

田园风格软装搭配小技巧

创造有亲和力的配色。比较天然的材料总能给人带来自然之感,在质朴而舒适的空间中,加入一点绿色,一株绿植、绿色调的抱枕或是一张带有植物图案的地毯都可以,小面积绿色的点缀强调了空间的自然基调,也会让软装的色彩搭配看起来更有亲和力。

简洁大方的图案,自有一派美感。如果厌倦了田园风格一成不变的小碎花,沙发、抱枕、地毯、窗帘等布艺元素的图案,可以考虑一下简洁大方的菱形格子、方格或是横竖条纹,简单的装饰线条也会创造出别样的美感。

清婉惬意的手绘家具。刷白处理的家具虽然比较经典,但是单件的手绘家具则更能成为目光的焦点,让房间成为真正的乐园,独一无二的手绘花卉图案绽放在淡雅的空间中,整体风格与田园风格居室十分协调。

水晶饰品也可以很田园。在富有田园格调的房间中,放置一盏梦幻的水晶灯,并不会显得突兀,而水晶灯丰富的光影层次,可能会带来意想不到的惊喜。

如果钟爱小碎花,可以这样做。小清新的碎花图案是多数女性不能抗拒的,可以将它们运用在小件物品中,如杯垫、靠枕、竹制收纳筐的内衬上等,体积不大,却也能为居室带入无限的浪漫气息。

铁艺是田园风格设计的灵魂。铁艺可以制成花朵、藤蔓等造型。在阳台放置一个铁艺花架或茶几,加上花草植物的点缀装饰,会让居室的乡村气息十分浓郁。

花卉的使命就是美化生活。根据季节选择时令花束,也可以使用仿真花,将它们放置在透明的玻璃瓶里或是做旧的古老陶罐里,都可以成为人们的视线焦点。

No.7 ▶ 日式风格软装

简约且亲近自然是日式风格的显著标签,对于每一个造型的设计或是对于每一件饰物的摆放,不仅注重其设计的本身美感,更强调它与周围环境的协调性,以及日常使用的便捷性与舒适性。

扫码获取
日式风格居室软装
搭配案例

日式风格软装元素

日式风格家具

日式家具一般较低矮，且数量少，主要以清新自然为主基调，给人营造一种闲适写意、悠然自得的生活境界

日式风格花艺

巧借植物营造空间的意境美

日式风格的传统图案

樱花元素、象征吉祥寓意的如意纹、水波纹、具有美好寓意的鲤鱼和仙鹤

日式风格布艺

暖色调居多，很好地柔化了空间简约线条的冷硬感

日式风格装饰品

和服少女

日式风格装饰画

浮世绘格调装饰画、山水画、多留白的装饰画

日式风格灯饰

光线自然，半透明材质居多，偏爱暖光

日式风格软装搭配小技巧

确定一个简洁宁静的色彩方案。白色、木色、米色搭配在一起，再加上暖暖的阳光，以及局部点缀的绿植，所营造的氛围会更加干净清爽。

创意十足的沙发活跃氛围。可塑性很强的懒人沙发，能自由伸缩的高靠背布艺沙发等富有创意色彩的家具既能使人得到放松，有趣的造型也是活跃居室氛围的法宝。

重收纳，鞋柜不宜太高。注重收纳的日式玄关常放置鞋柜，但应注意柜子不宜太高，否则会不利于收纳的便捷性，其面积也不宜太大，可以收纳家人当季的鞋子即可，也不宜摆放在正中的位置，最好移向两旁。

为生活注入魔法的日式餐具。大多日式餐具的装饰和点缀很少，简洁的造型搭配治愈的色彩，再加上精心准备的美食，使整个家庭用餐氛围都变得温馨美妙。

巧借灯饰材质，打破单一视感。日式灯具搭配比较强调功能性，常选择暖色光源，这样整个家居都会笼罩在一片温暖、祥和的氛围中。若想适当地做出改变，打破这种一成不变的设计形式，竹编吊灯是个不错的选择，其不仅禅意十足，赋予现代日式空间古朴的韵味，还能让人觉得仿佛是将大自然引入了室内。

适当注入一些文化元素。一束樱花插花，带有水波纹、鲤鱼、仙鹤等日式传统图案的布艺饰品，或是浮世绘格调的风景画，都会让简洁的日式空间更具有生机与活力。

原木色+白色是日式风格家居空间中出镜率较高的配色手法；定制合理的木质家具，兼顾了功能性与装饰性；原木色家具搭配灰色的布艺，展现出日式居室的自然本质

第 5 章
空间规划必读篇

　　居住空间的规划应依照业主的生活习惯、兴趣爱好以及经济情况来策划方案，让居住环境变得更舒适、称心。本章介绍了不同居室空间的规划技巧，同时讲解了一些特色空间的规划方法。

1 空间的细节规划

⌂ 要点提示：

开放式空间的细节规划＋客厅的细节规划＋餐厅的细节规划＋卧室的细节规划＋书房的细节规划＋厨房的细节规划＋卫生间的细节规划＋玄关的细节规划

No.1 ▶ 开放式空间的细节规划

扫码获取
开放式空间的
规划案例

　　开放式空间的规划，首要的规划原则应是保证空间使用的舒适度与预留空间的弹性，保证将空间功能划分明确，但又不能运用过多的隔断，因为过多的区域划分与隔断会使空间看起来特别零散。尤其是面对原本面积就不算太大的空间，应保持整体和谐统一的格局，无须刻意强调独立。

▶ 规划提示

开放式空间的格局要点

　　1）强调动线的畅通与预留空间的弹性

　　2）面积太小就不必强求每个空间的独立性

　　3）以客厅区域作为整个家庭空间的第一顺序位置，弱化其他空间的存在感

主动线和次动线的区别

　　所谓主动线就是整个客厅区域的行走路线，即从玄关到客厅、从客厅到厨房、从客厅到餐厅、从客厅到卧室等。而次动线就是指在每个功能区域内部的活动路线

开放式空间的规划技巧

用半壁隔断墙承担分区。开放式空间不宜通过砌实墙来进行空间分割,可以采用半隔断墙来实现分区,这样不仅能在视觉上减少压迫感,还能对空间布局做出有效规划。半隔断墙的设计通常与质感通透的玻璃或带有收纳功能的矮柜结合,玻璃有延伸视觉放大空间的效果,矮柜有良好的收纳功能,在规划时可以将柜体嵌入墙面,淡化柜体的存在感,让墙面设计更有整体性,以此来避免视觉上的零碎感,为小居室注入更多魅力。

空间位移,调整出最舒适的格局。客厅兼作餐厅的情况是多数开放式格局中不可避免的,合理规划功能空间的布局,能让整体格局更舒适。可以将餐桌换位置摆放,如窗前,其效果好于将其放在玄关处,窗前充足的自然光源,可营造出一个阳光房般的用餐环境,舒适而温馨。

不设任何间隔,保证开放式空间的视野。为了保证空间整体的通透性,不让空间显得局促,可以不设任何间隔,仅以沙发作为两个区域的划分,这样可以保证两个区域都能拥有良好的采光,也让空间的动线更加流畅。

可移动的推拉门,让阳台化身独立书房。在将阳台改造成独立书房时,若担心卧室内的采光受到影响,最好选择可折叠的玻璃推拉门,充分利用折叠门的灵活性与玻璃的通透性,保证了空间区域的完美分隔,还不会影响居室内的采光与美观度。若想提升美观度、舒适度与私密性,可以根据居室内风格的特点及配色来选择搭配一组布艺窗帘进行修饰。

玻璃推拉门将开放式的空间一分为二,让间隔出来的空间也能拥有良好的采光,还保证了整体空间的开阔性

No.2 ▶ 客厅的细节规划

扫码获取
客厅的规划案例

客厅是一个家的中心，一进入家门，客厅更是全家人或来宾聚会时的视觉焦点，相应地，客厅空间的舒适与否、动线是否流畅，直接关系到全家人的生活品质与整个家的生活风貌。

▶ 规划提示 ┈┈┈┈┈┈┈┈┈┈┈┈

客厅的格局要点

1）客厅不宜设置在角落

2）客厅的面积尽可能的大，注意兼顾与其他区域的结合与过渡

3）客厅应位于整个家庭空间的第一顺序位置

客厅的规划技巧

让客厅保持良好的通风与采光。 通风、采光俱佳的居住空间，给人明亮、健康的感受，无形之中让住在里面的人都变得开朗起来，但客厅又常被规划在建筑的中央，若能在规划时注意适当地引入自然光源，采用落地窗或花窗、气密窗设计，将可为家里的空间带来更好、更自然的舒适感。

结构布局融入规划，动线更自由。 应先考虑居住者的生活方式及行为习惯，再合理地规划空间的结构布局，充分利用结构特点做出有效规划，将餐厅、客厅、玄关等功能空间进行整合，尽量避免过多的空间切割，而产生动线不流畅、视感零碎的情况发生。如在开放式的客厅空间内，利用结构特点靠墙放置餐桌，既达成了拥有独立用餐区的意愿，又能预留走道动线，最重要的是不会造成空间浪费。

尽量让动线与自然采光互不影响。 利用矮墙或玻璃隔断来规划室内布局，让客厅、书房、餐厅、玄关等其他空间有序划分并保串联，在保证视线开阔的同时还能让每个空间都能拥有充足的自然光线。

弱化界定，打造多元场域。若客厅空间过小，应善用模糊区域界线，让客厅与周边功能空间串联，形成开放格局的公共领域。最常见的规划，即是将客厅与餐厅或厨房连在一起，打造出一个多元的社交场域。

以电视机为中心。若家庭成员有聚集一起收看电视节目的习惯，即可以电视墙为空间中心做规划，除了一般常见的整面实墙外，电视墙造型有半高式、中岛式、置中式设计，及旋转式柱体，不仅可维持两侧与上方的视线穿透性，形成流畅的环状动线，也可作为场域间的界定，让客厅和周围的机能场域紧密串联。

也可不放电视。客厅不一定要放电视，可将电视放在起居室或卧室。客厅则变成满足其他需求的空间，如想要强调客厅的办公功能，可以将客厅变成工作区；有收藏爱好的业主可以把客厅当成展厅，摆放钟意的书画或装饰物；有孩子的家庭可以将客厅打造成儿童玩耍的空间。客厅功能丰富了，生活就不会单调，与家人互动的时间也会随之增加。

改变一下沙发墙的样式规划，增添储物空间。储物是家居中的头等大事，家里最需要的是集美观和功能于一体的柜子，尤其是小户型，收纳柜式的墙面尤为实用。将沙发墙的一整面或左右两侧规划成收纳柜，看似占去了客厅的一部分面积，但是可以用来收纳很多东西，非常实用。

沙发也可以不靠墙。沙发未必得靠墙摆放，如客厅空间够大，沙发后方可留走道，宽度最好在70cm以上，也可放矮柜、矮书架，打造一个小型阅读区，或是摆放书桌、写字桌，作为小型书房或工作区。

规划提示 ·············

厅的功能分区

　　1）会客区。客厅作为招待客人亲朋好友聚会的场所，利用沙发、几等大型家具打造出一个宽敞、明的会客区

　　2）视听区。电视机在客厅中拥一席之地，这也使得客厅为多数庭中观影的最佳场所

　　3）辅助功能。客厅的辅助功能要以用餐和学习为主，通常是在小型居室中比较常见

在保证空间动线畅通的情况下，利用家具的搭配强化客厅的功能分区

No.3 ▶ 餐厅的细节规划

餐厅不仅是家人就餐的地方，也是家人情感联络的场所。餐厅的规划设计需根据家居面积的大小而定，如果条件允许，单独设餐厅是最理想不过了；如果面积不够，也可考虑餐厨合一，以及餐厅与起居室、储藏室、客厅等空间合用。

扫码获取
餐厅的规划案例

▶ 规划提示 ┈┈┈┈┈┈┈

餐厅的格局要点

1）餐厅规划应以便捷、安静、卫生、舒适为前提

2）风格设定需参考业主喜好

3）与其他区域相连，应保证动线畅通，并兼顾视觉上的开阔感

4）餐+厨、餐+客的情况下，应预留足够的活动空间

5）餐厅的格局最好以长方形或正方形为主

餐厅的规划技巧

结构布局融入规划，动线更自由。餐厅的布局规划，应先考虑居住者的生活方式及行为习惯，再融合空间结构的布局，利用结构特点做出有效规划。将餐厅与客厅、玄关、厨房等功能空间进行整合，让动线更流畅，视感更有整体性。可以考虑将餐桌依墙放置，这样可以让走道动线拥有足够的预留空间，还能形成独立的用餐区，最重要的是不会形成空间浪费。

摒除间隔，让餐厨共处更自在。餐厅厨房相连的情况下，可以考虑摒除两个区间的间隔，这样可避免间隔出两个拥挤的小间。开放式的布局让人看起来更加宽敞、亮。如果非要将餐厨划分，可以通过一组纳柜或是矮吧台来实现，柜体与吧台不仅划分区域，也兼具了两个空间的收纳功能。

弹性间隔，为用餐提供安全感。舍掉关与餐厅之间的隔墙可以让整体空间更显

敞,为避免开门后餐厅暴露于眼前,使得业主在用餐时缺乏安全感,可以运用布帘、珠帘、拉门等弹性隔断进行遮蔽,这样既不影响空间动线,还能让视线避开用餐区。

利用家具布置,让餐客共享更加和谐。 餐厅与客厅相连的情况下,需要让两个区域既能保持独立又能相辅相成的和谐共处,这时可以用一件或两件小型家具来实现,家具的可移动性让空间规划拥有更多可能性,这一方面强化了空间的使用功能,另一方面让两个相连的空间都能拥有良好的视觉开阔感。简单的规划转变,就能保证两个区域的舒适度。

利用色彩设定隐形间隔。 餐厅与其他空间相连时,通常应保持配色的和谐,这样既可保证整个空间的相互关联性,也不会产生视觉上的突兀感。在规划用餐区时,通过改变餐桌椅的颜色来强调功能,利用色彩的变化从视觉上设立隐形的区域间隔,是一种十分巧妙的规划手法,比任何半隔墙或隔断都能更好地保证空间的开阔性。

▶ 规划提示 ⋯⋯⋯⋯⋯⋯⋯⋯⋯⋯

餐厅动线的服务原则

好的居室规划除了通风、敞亮,动线也应合理,动线合理的餐厅需要满足居住者的使用需求,如提高用餐舒适度等

No.4 ▶ 卧室的细节规划

卧室是所有家居空间中属于个人最私密的空间,所以在设计规划上会完全以个人喜好为前提。但除此之外,还应考虑一些附加的使用功能,如阅读、化妆、收纳衣物等。

扫码获取
卧室的规划案例

▶ 规划提示 ⋯⋯⋯⋯⋯⋯⋯⋯⋯⋯⋯⋯⋯⋯⋯⋯⋯⋯⋯⋯⋯⋯⋯⋯⋯⋯⋯⋯⋯⋯⋯

卧室的格局要点

1)卧室分主卧和次卧,主卧通常会带阳台、卫生间,而次卧面积较小,可用作书房或客房

2)主卧面积不宜过大

3)主卧的设计风格应根据业主喜好而定,次卧参考主卧;卧室内电器不应过多

4)床头避免靠窗,否则会影响睡眠质量

卧室的规划技巧

利用家具在卧室开辟出休闲角落。进行卧室布局规划时，可以通过家具的布置来改变传统卧室墙面的设计方式。如用简单的搁板与书桌在房间内开辟出一个用于学习与阅读的小角落，让个人空间的功能更加丰富；也可以利用入门处的结构布局量身定制一个收纳柜，将电视安装在柜体内，既有收纳衣物的功能，也满足了观影需求。

半高墙，加强开阔感。适当地改造一下主卧与卫生间之间的墙体，做成半高隔墙再结合一些通透材质，如钢化玻璃，在视觉上营造开阔感，使两个空间的光源相互通融交汇，这样既能保持各自的独立性，又相互连通，还能缓解小空间的压迫感。

狭长的卧室，其两侧空间按需求规划。狭长的卧室，往往会出现两侧留有很多空间，而利用好这些长条形的空间，可以考虑规划出卫生间、衣帽间，甚至是书房。

L形的卧室，可以利用床前床后的空间。L形的卧室，比狭长的卧室方正，若比较短的一边是床头位置，那么需要解决床头距离电视墙太远的问题。可以直接把电视墙向床头移动，两侧成为U形区，背后就可以利用为梳妆台、小书房，甚至增加一间衣帽间。

形状不规则的卧室，可以增加功能区。对于面积很大、不规则的卧室，可以增加书房设计。而衣帽间与卫生间可以连通或者靠近，方便使用。

▶ 规划提示

卧室的功能分区

1）睡眠区。卧室的基本功能区，一张舒适的床和良好的采光系统是舒适睡眠的最佳保障

2）收纳区。收纳是居家生活基本的需求之一，尤其是卧室，衣物、床上用品、睡前读物以及装饰品都需要容身之所

3）观影区。在卧室里舒舒服服地懒睡、煲剧、上网是再惬意不过了，因此在卧室内打造一个舒适的观影区也是不错的体验

4）休闲区。飘窗既能增强卧室的储物功能，又能满足个人的休闲需求

小而舒适的卧室，原木色、白色及米色的搭配，空间具有清晰自然之感；床与墙面的色彩相互呼应使简洁的画面更具温馨感

No.5 ▶ 书房的细节规划

书房的规划布置一般需保持相对的独立性，并配以相应的家□设备，如计算机、书桌等，以满足使用要求。其设计应以舒适、□静为原则，特别是对于一些从事如写作、美术、音乐等的业主来□，应最大限度地方便其进行工作。这样，才能营造一个学习、工□的良好环境。

扫码获取
书房的规划案例

▶ 规划提示 ....

书房的格局特点

1）独立书房。完全独立的完整空间，受其他房间干扰小，工作效率高

2）开放式书房。开放式书房与其他房间之间有一定程度的分隔与限定，隔断基本上是最基本的装饰部件，如书架、屏风等，因此受其他房间的干扰也较大

3）兼顾型书房。通常是将卧室的一处构成套间或卧室的一端设计成书房，这种形式的书房应避免与卧室相互干扰和影响

房的规划技巧

良好的布局，保证书房的采光与通透□书柜、书桌的规划布置也很重要，书柜最□依墙而立，书桌的摆放位置以窗前为宜，□顺光而不逆光最为舒适，这样的规划布□无论书房的面积大小都能使整体书房看来更加开阔。

利用定制家具弥补户型结构不足。定制□具最大的优点是可以弥补户型结构不足，□提高空间利用率有很大的帮助。尤其是□对不规则户型，更需重视格局规划，通过□用定制类家具，让每一寸空间都发挥到极

致，以减少不必要的闲置与浪费，从而达到隐藏缺陷布局与弱化空间局促感的目的，让小空间的功能性更全面，开阔性更好。

化书房为客房，布置具有储物功能的榻榻米。将书房地面设计规划成榻榻米，不仅能将书房化身客房，方便接待亲友留宿，还可以充分利用榻榻米下方的空间增添储物空间。将收纳区设置在榻榻米下方，可以用来储放换季衣物、棉被、行李箱等一些不常用的物品。

整合功能，将阳台改造成专属书房。想要拥有独立书房可以从阳台的布置规划入手，利用不同的家具摆设，使两者融为一体，实现两种功能的合理搭配与完美转换。阳台改造书房时，应格外注重书房的功能性，为保证书房私密性需注重隔断设计，实现书房专属区域，营造视觉上的通透感，和增大空间的视觉感。

整合墙面，提升房间使用弹性。通过对留白墙面的整合，能够提升房间的使用弹性，营造一间既可以作为来访客人暂住的房间又可以作为用于工作与学习的一间独立小书房。日后有育儿需求时，还能变身儿童房，这是一种性价比很高的规划方案。

▶ 规划提示 ··

书房的功能分区

1）工作区。是书房的基本功能区，主要由书桌、座椅、书柜组成

2）储物区。一般家庭会将书房作为储物区，主要用于书籍、收藏品等物品的储藏，也可以成为家庭展示区

3）会客区。面积较大且独立的书房，可以在书房中增设短沙发、茶几或两只休闲椅，用于日常待客、交谈，比客厅感觉更私密

4）睡眠区。常见于客房兼书房的运用中，在书房增设一张单人床或整体定制成榻榻米，可以作为临时客房

T字形的家具布局，嵌入式书柜，收纳功能强大，动线通畅，使用方便

No.6 ▶ 厨房的细节规划

厨房的规划通常按照操作线的布局进行布置,一般可分为一字形、L形、T形、U形、岛形等方式,不论什么样的布局,都应该尽量遵从厨房的操作线准则,即存储、洗刷、切菜、备餐、烹饪的作业线路应流通而不拥堵。

扫码获取
厨房的规划案例

▶ **规划提示** ....

厨房的格局要点

一字形厨房

动线在一条直线上,是紧凑、高效的厨房设计,适合中小家庭或同一时间只有一个人在厨房工作的住房

双一字形厨房

把厨房的功能区分为两排,双一字形的厨房适合直达阳台、储物区等其他空间。双一字形厨房布局是因为空间长度不足或者临近有生活阳台的门

L形厨房

L形厨房是小空间的理想选择。这种方式在两面相连的墙之间划分工作区域,就能获得理想的工作三角区

U形厨房

U形厨房方便取用每一件物品,最大限度地利用空间进行烹饪和储物。两排相对的柜子之间应至少保持90cm的间距

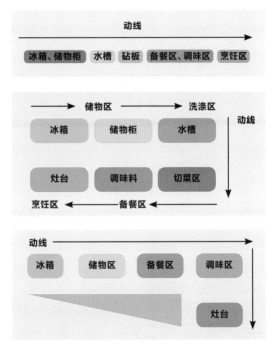

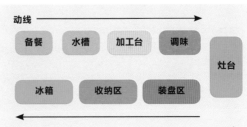

岛形厨房

岛形厨房有更多的操作台面和储物空间。橱柜与厨房岛之间至少应有120cm的距离，以确保有足够的走动空间和柜门、抽屉开启的空间

厨房的规划技巧

转角橱柜让规划不留死角。使用转角橱柜来规划厨房，比较适用于不规则形状的厨房布局。利用橱柜的转角造型，让厨房不留死角，以免装修后让人有空间局促、功能不全之感，同时保证了厨房动线的明朗性，让厨房的烹饪工作更加便利和舒适。

延伸台面，为厨房增设休闲区域。厨房操作台采用延伸式的设计手法，延伸的操作台既能充当餐桌又可以用来收纳一些日常用品，还可以作为喝茶聊天的休闲区域，一举三得。

餐厅与厨房融为一体。餐厨的整合完全可以根据居住者的自身喜好决定，拆除厨房的墙体，根据使用需求调整一下橱柜的方向和冰箱摆放的位置，少了墙面的束缚，可以缓解空间的封闭感，让用餐与烹饪无缝对接，整体感觉会显得温馨而明朗。

L形布局让厨房动线更畅通。厨房规划最理想的格局是L形，它的动线十分流畅，实用性很强。厨房台面功能布局的规划应将水槽与炉灶错位摆放，这样做的好处是可以避免水火产生冲突，也十分符合烹饪从洗到切到煮的操作程序。

中岛台与定制家具化解畸形结构。畸形结构的厨房，若不想大动干戈地砸墙进行空间整合，可以通过设立中岛台与定制家具的组合来弥补这一缺陷。中岛台不仅是厨房中的操作台，也可以作为餐桌，还能当作吧台，为居家生活提供休闲娱乐的空间；而定制家具更是化解畸形结构的最佳选择，量身定做的优势可以充分利用畸形结构的不规则角落，实现畸形厨房的整齐划一。

双一字形规划，改善短粗型厨房。短粗型厨房适合采用双一字形规划方式，将厨房工作区沿两对侧墙面布置，形成储物区——备餐区——烹饪区的双一字形排列，动线畅通，中间的备餐区缩短了储物区与烹饪区的直线距离，灵活性强还能提升烹饪效率。

U形动线规划合理而高效。U形厨房是理想、高效的厨房动线规划，将冰箱、储物区、水槽、加工台、备餐台、调味品区、灶台、装盘台等厨房主要工作区域以U形布局进行规划，能够拥有一个完美、流畅、高效的厨房操作区，合理的动线规划，是烹饪工作有序进行的基本保障，让烹饪者更加心情愉悦，享受美好生活。

▶ 规划提示 ·····

厨房的功能分区

1）食品储藏区。米面粮油等食物的储藏区。此区域的东西拿取频率不是很高，可采用高柜设计，以增加储物空间

2）厨具储藏区。餐具、杯具、烹饪小工具、保鲜盒可以集中储藏收纳。这些物品数量多，使用频繁，所以它们放置在易取放的地方

3）清洗区。水槽所在区域，主要用来洗菜、洗餐具

4）备餐区。厨房的大部分操作工作需要在此完成，如切菜、备菜、和面、整理等工作

5）烹饪、烘焙区。灶台所在区域是烹饪食物的主要区域

No.7 ▶ 卫生间的细节规划

卫生间的常见功能主要可以分为必要型和非必要型两大类。其中淋浴、如厕、洗漱属于必要型功能；换衣间、浴缸、收纳柜则属于非必要型功能。合理地利用好每一寸空间，对于生活品质的提升还是很有必要的。

扫码获取
卫生间的规划案例

规划提示 ·····

卫生间的格局要点

干湿分离

淋浴区、洗漱区、如厕区有明确规划。用某种隔断方式保证各功能区互不干扰，保证业主在使用卫生间时的舒适性、安全性和美观性

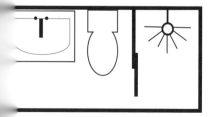

二式分离

二式分离是最简单的分离方式，将洗漱区、如厕区划分在同一区域，用隔断方式将淋浴区划分在另一个区域

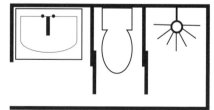

三式分离

让淋浴区、洗漱区、如厕区各司其职。不至于在一家人共用卫生间时产生无可避免的尴尬，同时提高业主的使用效率和舒适感

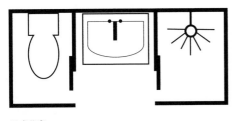

日式分离

    淋浴区、洗漱区、如厕区各司其职，能同时让3个人各自使用三个不同的功能区

卫生间的规划技巧

    舍去淋浴房，增强小空间弹性。 为提高卫生间中各种功能洁具使用的舒适度，可以适当地调整一下坐便器、浴缸、洗手台的位置，还可以舍去淋浴房的设立，用浴帘代替，以增强卫生间灵活性，降低装修成本。

    适当分离洗手台，让小卫生间变大。 小户型居室中的卫生间空间有限，无法干湿分离，可适当分离如厕区和沐浴区，或将洗漱台外置，这样可让小卫生间获得更多的使用空间，满足家人同时使用的需求。

    合理布局淋浴房，释放更多空间。 合理地规划淋浴房，不仅能实现浴室的干湿分区，还能达到节约使用面积的目的。通常来讲一字形、五角形以及圆弧形的淋浴房外观更加节省空间。

    双一字形布局，完成干湿分离。 将卫生间规划成双一字形，利用钢化玻璃将其一分为二，实现干湿分离，这样就能保证沐浴之外的洗漱区干爽、卫生，以维持卫生间整体环境的整洁美观。双一字形布局方式既节省空间，又能满足最基本的生活需求。

    小浴室的合理规划技巧。 小卫生间若想做到"五脏六腑"俱全，除了选择小尺寸的家具及洁具外，可以通过在墙面上打造壁龛、壁柜等规划手法，将使用面积运用到极致。

    直线规划，让长条形卫生间更好用。 长条形卫生间最大的特点就在于纵向空间有限，但横向空间却很充足。因此在规划布局时尽量使各大功能区处在一条直线上，即一边为功能区，一边为走道。各大功能区的位置可以按照使用频率的不同来布局，同时还应兼顾干湿分离。最常见的是将淋浴区设置在最里面，往外接着是坐便器、洗手台。如果卫生间的门位于长边的中心位置上，可以将淋浴和坐便器安排在同一侧，另一侧只放洗漱台，这样设计可以使干湿分离更加明显，在使用上也会更加便利。

    放射形规划正方形卫生间。 正方形卫生间是最常见的卫生间户型，在布局上也最自由。只要能合理利用角落的位置，基本上不会太乱。最常见的就是在角落里设置淋浴区，坐便器和洗手台设置在淋浴区两侧或一字排开。

▶ **规划提示**

卫生间的功能分区

1）洗漱区。一般设置在卫浴空间的前端，主要摆放各种盥洗用具

2）沐浴区。是供人沐浴的地方，面积不应小于3m²

3）如厕区。面积一般也很小，必须在这个区域安装通风换气设备

No.8 ▶ 玄关的细节规划

　　玄关是进出门时停留的回旋空间，其既要保证拥有良好的装饰作用，还应对室内起到保护隐私的作用，除此之外，理想的玄关应具备充足的收纳空间。因此，玄关的设立应充分考虑与整体空间的呼应关系，使玄关区域与会客区域有很好的结合性和过渡性，应让人有足够的活动空间。

扫码获取
玄关的规划案例

规划提示

玄关的格局要点

开敞式玄关

　　开敞式玄关与周围空间相通，没有视线阻挡。当空间面积小于或等于1.2m²时，可以采用软玄关装饰，借助室内其他设计元素来实现玄关划分。当空间面积达到5~2m²时，可以采用硬玄关装饰，采用间断将玄关与相连空间进行分隔

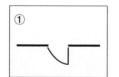

开敞式玄关的两种类型

①开门进入室内的一边是餐厅，另一边是客厅；②进入室内门所属的立面与一边的墙面成直角，面对客厅或餐厅

半开敞式玄关

　　半开敞式玄关是相对于开敞式玄关而言的，半开敞式既适合软玄关装饰设计又适合硬玄关装饰设计

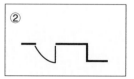

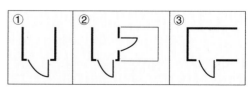

半开敞式玄关的三种类型

①通道式玄关；②进门后一侧是卫生间或厨房的通道式类型；③进门后是间接式进入形态的类型

▶ 规划提示 ··

硬玄关与软玄关的区别

　　1）**硬玄关**。从空间上用隔断或家具将室内空间区分，从造型上可以分为全隔断硬玄关和半隔断硬玄关。①**全隔断硬玄关**。由地面至顶面的完整空间，需要注意玄关处的采光问题，并且确认是否会造成空间狭窄感，入门处面积小的居室不适合用此种规划方式。②**半隔断硬玄关**。横向或纵向采取一半或接近一半的隔断进行分区，半隔断的设立在一定程度上能够缓解视觉拥堵感，让分隔后的空间拥有一定的通透性。

　　2）**软玄关**。玄关在平面区域上进行设计区域的处理，适合入门空间较小的居室，可以分为墙面划分、地面划分和顶面划分，也就是说利用高度、色彩、材质及灯光进行空间区分。

玄关的规划技巧

　　若面积不足，就不采用及顶式设计。玄关的理想面积为2m²以上，这样的空间不仅能避免狭窄感，还可以配置适宜的功能，一般来说玄关或通道至少要有90cm的宽度，若宽度不足，应该尽量避免设计过高或及顶的柜子，否则很容易让人产生压迫感，并影响整体视觉面的通透性。除此之外，玄关必须突显舒适的空间氛围和视觉效果，干净整齐的效果才能让人感受到家庭生活的温馨。

　　玄关柜最好完全满足进出门的日常需求。玄关不只是穿脱鞋的地方，还会需要放置钥匙、背包、外套、雨具、球具等物品。所以，无论直接购买成品家具或请设计师统一规划，玄关柜都应优先满足全家人的日常需求，并依此安排合适的尺寸和顺手方便的位置，如搭配可吊挂衣服和帽子的挂钩、将柜体挖空后设计成置物柜，这样才能打造一个整齐可收纳、生活效率倍增的玄关区。

　　设计融入换鞋椅，出门不再慌。若是面积较大的玄关，可以在过道一侧放置独立的穿鞋椅或具有收纳功能的矮凳；如果是面积较小的空间，将柜体挖空或在柱子和鞋柜之间简单加上层板，也都相当好用，也不影响进出动线的流畅度。

　　结合灯光，瞬间点亮空间。玄关是走进屋子之后的第一个区域，为了方便置放、拿取物品，也为了回家后就能第一时间将室内点亮，安装照明灯具绝不可少，如果家中玄关空间足够大，可选一盏独具特色的造型吊灯为视觉主灯；喜欢简洁风格的人，不妨挑壁灯、投射灯，兼具装饰玄关端景的效果；或者直接在鞋柜上下方安装间接照明，这样使空间无压迫感、更有层次感。

这样做有效区隔内外，让小玄关变大。

日常生活中经常会碰到需要领取快递包裹、和邻居短暂交谈等临时接待的状况，因此玄关除了应具有收纳功能之外，也应兼具遮蔽隐私的作用。如果为此建起一面墙，容易产生狭窄压抑之感，不妨运用透光性高的玻璃材质与造型格栅，或搭配局部镂空设计的收纳柜体，适当形成隔断，保持穿透视觉，空间自然就不会显得过于拥挤。

▶ **规划提示** ·······

玄关的功能

1）保护室内隐私。玄关是入门处的一块视觉屏障，能避免外人一进门就对整个居室一览无余

2）装饰功能。给人进门眼前一亮的感觉，从地面到顶棚都有一个协调性，进门最前端可以设计一个端景，加上地面的拼花，顶棚上的吊顶造型，再配置装饰挂画，整个风格设计就呈现在眼前

3）收纳功能。玄关的储物功能是不得不提的，如换鞋、雨伞、放置随身小物件等

2 局部位置的规划

No.1 ▶ 隔断的规划与运用

　　隔断，讲求"隔而不断"，是其精髓所在，将空间划分为多个功能区，而依然具有整体感。因此，隔断是家居装饰中非常有用的划分空间的方式，从形式上来讲隔断可以分为墙体隔断和软隔断。在空间划分中，隔断墙能有效地划分空间，但是也阻碍了空间的延续性，软隔断则是借助外在设计和家具，来形成一种隔而不断的空间效果。

▶ **规划提示**

隔断的种类甄别

　　墙体隔断： 矮墙、吧台、半高墙等实实在在的墙体都属于墙体隔断

　　软隔断： 窗帘、珠帘、柜子、屏风、可折叠的玻璃门都属于软隔断

不同样式的隔断，比比看

1 玻璃隔断	通透美观，有放大空间视感的作用，十分适合用在小户型中
2 布艺隔断	价格经济实惠，收放自如，灵活性强
3 雕花板隔断	造型丰富，装饰效果极佳，镂空的造型，隔而不断，若隐若现，空间更通透，光线更好
4 柜体隔断	除了隔断功能，还可用于收纳
5 吊柜隔断	吊柜式的隔断设计，没有墙体隔断的呆板，还充分利用了上方空间
6 玄关柜隔断	玄关柜正对进屋的门，可保证室内隐私，分割空间的同时还能收纳物品
7 吧台隔断	吧台不但能使空间隔而不分，还能为居室创造出一个休闲区域

断的规划技巧

通过改变墙体颜色实现分区。在装修中如果不想拆墙，可以试着改变墙面材质和色彩，利
不同的墙面色彩来区分空间，这也属于软隔断的一种规划手法。如在客厅中，需要划分出会
区和工作区时，可以在墙面上涂刷两种颜色的墙漆，同时配以不同功能的家具，在视觉上就
形成有效的区分。

半墙隔断提升空间的层次感。想要提升空间的层次感又不想破坏整体分区，其实不必大
干戈地砸掉整面墙体，只需要将墙面打开一部分，这样既不会破坏分区，中间的镂空还可以
加空间的通透性和视觉面积，让两个空间的互动更合理也更有层次。

软隔断也可以从顶面入手。以顶部设计的方式来进行空间隔断，这种规划手法常见于么
。通过材质的变化，在顶面打造出不同层次的线条，这样就能在视觉上展现空间变化的不
，这种虚设的软隔断手法也被称为"吊顶切割法"。

地台式隔断。在原本的水平地面上，加入地台也能有效地划分空间，形成别具一格的隔断模式。如在客厅与阳台的衔接处，将地面抬高，以形成地台，这样就能保证整体协调性，丰富整体的层次感。

务实的收纳隔断。用收纳柜作为空间隔断，是一种比较实用的做法，在需要做分区的两个空间的连接处，布置一个符合整体风格的收纳柜，既可满足业主日常的收纳需求，还能起到良好的装饰效果。

▶ **规划提示** ·····

隔断的作用

1）灵活分隔。窗帘、屏风这些软隔断可收可展，不占用空间，灵活自由，展开时即可获得两个相对独立的空间

2）打造多功能空间。隔而不断是隔断的精髓所在，将空间划分为多个功能区域，是隔断最显著的作用

3）明确功能区。隔断不只能在一个空间中划分出多个功能区域，同时还能明晰各个空间之间的分隔，因此，隔断不仅是功能上的分隔，也是空间上的分隔

4）良好的装饰效果。隔断的样式丰富多样，有着很好的装饰效果，在室内安装一面精美的隔断，也有着画龙点睛的作用

开放式的空间，采用软隔断划分空间，隔而不断，还能让两个空间独立

No.2 ▶ 飘窗的规划与运用

飘窗让室内拥有良好的采光，同时还保留了宽敞的窗台，使得室内空间在视觉上得以延伸，让空间拥有了更广阔的视野，更赋予了生活以浪漫的色彩。

▶ **规划提示** ⋯⋯⋯⋯⋯

飘窗的格局要点

1）内飘窗。内飘窗处于室内，两边是墙，只有一面是窗。内飘窗是可以拆掉的，内飘窗的主体结构是用砖块搭成的，不起承重作用，拆掉也不会影响房屋承重。但应注意的是，有些飘窗里面全是钢筋，钢筋连着房屋主体，拆掉会影响上下层的承重，影响安全性，这种情况下就不能拆掉了

2）外飘窗。外飘窗是挂在室外的一种飘窗，从室内向室外凸起，呈L形、矩形或梯形

飘窗的规划技巧

用木材框起来，营造空间意境。飘窗是一个给心灵减压的地方，坐在这里看窗外车水马龙或自然景致，都是一种休憩。用木框将飘窗框起来，同时也将窗外的景色"框"了起来，犹如空间里的一张流动的画，坐在这里的人也将自然融入画中，营造意境。

飘窗化身书房，光线充足阅读更舒心。飘窗处的光线，对于工作台来说是得天独厚的优势。除了工作用的台面，同时可以在书桌旁边安装小书柜或吊柜，用于存放书籍或摆件，无论是存放还是拿取，抬手就能做到，很方便。

飘窗变梳妆台，满足女孩子的生活需求。女生居住的房间，可以将卧室的飘窗装

饰成一个梳妆台，把飘窗挂上薄纱，制造一种朦胧感，也可以在光照强烈时减少直射的光线。飘窗周围的光线充足，非常适合女生化妆，还可以开辟新的区域解决户型狭小的问题。

茶室与飘窗，增添休闲氛围的一种巧妙规划。如果客厅的空间有限，可以将飘窗改造成一个小小的娱乐休闲室，装扮成榻榻米的形式，在中间摆一个刻有棋盘的小茶几，一个休闲意味浓郁的茶室就这样诞生了，周末约上三五好友在这下棋、品茶、聊天，不失为一种享受。

飘窗变客床，方便亲友留宿的规划技巧。如果飘窗的空间足够大，而家中缺少一间客房，那可以将飘窗改造成单人床，采光玻璃上面挂上一个垂帘，铺上厚厚的床垫，便能获得一间临时客房。

▶ **规划提示** ··

不同空间中飘窗的功能性

　　1）客厅飘窗。娱乐放松的区域，可以规划成茶室或阅读角

　　2）餐厅飘窗。享受美食时光的餐厅飘窗，能够节省很多空间，将飘窗做成餐椅，搭配上软布垫，惬意舒适的用餐空间就此形成

　　3）转角飘窗。转角飘窗的实用性可能没那么强，但却能将原本平淡无奇的室内装修死角化身为装饰亮点。将规格不统一的窗户整齐划一，这样的设计也符合观景需求

　　4）卧室飘窗。卧室飘窗不仅能够成为休闲角，用来读书或发呆，还可以作为一张临时待客用的单人床，方便亲友留宿

　　5）全落地飘窗。全落地设计的飘窗，拥有更广阔的视野，赋予生活以浪漫的色彩。不用做太大的改动，只要在布置上下点功夫即可

客厅飘窗

榻榻米式飘窗

No.3 ▶ 榻榻米的规划与运用

榻榻米在如今的家庭装饰中已经不局限于日式风格居室使用。榻榻米属于定制类家具,整体感很强,同时具有强大的收纳功能。搭配可升降的方桌,就可以用来下棋或者聊天喝茶。

▶ **规划提示**

各种样式的榻榻米

1)卧榻式。卧榻榻榻米一般设置在次卧或者书房,可以当成床来使用

2)储物式。储物式榻榻米是用来储存物品的,通过地台外侧的抽屉以及床面的上翻门来进行物品的收纳

3)升降式。升降式榻榻米通过升降机实现升降,平时可以当桌子使用,把台面降下来,就变成了床

4)景观式。景观式榻榻米主要是利用阳台和飘窗这两个光线充足的地方

5)书桌结合式。榻榻米+书桌柜+吊柜的设计,有强大的藏书收纳空间,能满足学习、工作以及临时客房等需求

榻榻米的规划技巧

极小的空间可以考虑全屋榻榻米布局。对于极小的空间来说,将全屋都规划成榻榻米是较为实用的做法,这样整个地面都可以作为收纳。但整屋榻榻米设计,需要房屋层高在2.8m以上,这样空间才不会显得压抑。

榻榻米等于多功能房。榻榻米的规划可以将书房、客房、休闲房融为一体。如对于书房部分,可将房间左侧或右侧地面留出一个设计榻榻米的空间,在其上方的墙面固定好层板,做成书桌形式,书桌上方的墙面也可铺排书架,这样便能在留出工作区域的同时不破坏榻榻米的整体性。

▶ **规划提示**

湿热的环境是否适合做榻榻米

榻榻米是否容易发霉发潮,天气的影响是其次,最重要的就是要提前做好防霉防潮的工作。除了家里勤通风,多注意清理晾晒之外,还可以通过一些防潮措施来保护榻榻米

功能互不干扰的半屋榻榻米布局。半屋榻榻米的布局有一个最大的优点就是功能互不干扰，榻榻米之内可以作为睡眠、休闲、收纳区域，而之外则可作为工作区域，工作、休闲能共处一室但又互不干扰，还能因势利导，营造氛围，打造出一个多功能房。

这样规划榻榻米，宽敞舒适。如果对休闲要求不高，可考虑角落布局的榻榻米，这种榻榻米布局的好处在于能预留一个很宽敞的位置，给空间一种开阔感，并且还不影响榻榻米对空间功能的辅助，也是一种利用率很高的规划手法。

▶ 规划提示 ┈┈┈┈┈┈┈┈┈┈

榻榻米的防潮处理

1) 做好底板的防潮处理。在装修榻榻米之前可以做防水测试，这样可从很大程度上减少地下潮湿对榻榻米的影响

2) 预留气孔。安装榻榻米底架时最好预留气孔，通过透气孔可以使得底部空气得以流通，储存上也会更加卫生

3) 抽屉可以防潮。榻榻米下面做成大抽屉，经常将它拉开通风，也是很好的防潮手段

4) 干燥剂。在榻榻米下方放一些干燥剂，并定期更换，也能起到很好的防潮效果

客房式榻榻米

No.4 ▶ 阳台的规划与运用

在居住条件比较紧张的情况下，阳台可以作为写字读书、物品储存、健身锻炼的空间，甚至可以作为居住的空间。其合理的规划与运用不仅能让室内的使用面积发挥到极致，还能营造出意想不到的居室氛围。

开放式阳台

▶ 规划提示

阳台的格局要点

开放式阳台。采光更好，空气新鲜，但是安全性能较差，排水要求高

封闭式阳台。具有很好的隐私保护作用，还能够有效地扩大室内面积

阳台的规划技巧

打通留空，让客厅更宽敞。客厅与阳台打通就是为了使得客厅空间更加宽敞，打通后把阳台纳入客厅，成为客厅空间的一部分，是非常常见的装修手法。如果不想做推拉门间隔，可以在客厅和阳台之间做一个拱形隔断。拱形两侧的造型应对称，若是阳台需要做储物柜或者层板架，那么储物柜或层板架的深度应超过拱形柱子的侧边长度。这样从客厅过去，就比较协调。

充满情趣的吧台规划。如果喜欢喝茶品的话，还可以在打通后的阳台之间或侧边置一张小吧台。小巧的吧台占据的位置非少，充分利用了阳台和客厅之间的区域，这里的光线充足，晚上欣赏夜景也方便，是为空间增添浪漫气息的一个好方法。

阳台改成榻榻米，享受午后时光。在客厅一侧开辟一个休闲区，是个非常不错的选择，可以作为儿童的游乐区域，也可以约上三五好友，喝茶聊天，或者用来种草养花，陶冶情操。

阳台做地面抬高，使两个区域有一个高度差。这样就可在同一个空间里形成两个功能区，两个区域可以铺贴不同材质的材料，而且地台下方还可以做成抽屉，用于分担室内收纳工作。

材质变换，让阳台独立。 在吊顶处，有梁作为两个区域的隔断，这样就能使阳台和相连空间各自独立的吊顶方式，功能上也可以实现独立。同理，地面材质也可以不同。

以矮墙作为两个区域的区分。 阳台与客厅的衔接处，用矮墙来分隔，可以做成曲线形，看着更有艺术感，矮墙还可以作为沙发的靠背。

储物柜隔断。 地面铺同样材质的地砖时，可用矮柜作为分界，柜子侧面放上椅子，可以作为书桌、餐桌、休闲桌等来使用，其强大的收纳空间，十分实用。客厅和阳台吊顶在一个平面上，可由储物柜上方的吊灯位置作为两个顶面的分界线。

阳台的最佳选择是作洗衣房。 在阳台做出一个洗衣池，洗衣池上方的空位，不要浪费，可以用来装个吊柜，多个吊柜就多出一个收纳空间，方便收纳生活用品，增加实用性。而洗衣池侧下方就可以用来放置洗衣机。

折叠门同时优化阳台与厨房。 厨房与阳台相邻时，最重要的规划目的是让两个小空间看起来都不会显得太过拥挤、压抑。采用灵活的折叠门来分隔厨房与阳台，有需要时，门可以完全折叠起来，灵活又不占用空间，当门完全拉开又能拥有两个独立的空间，这一点是推拉门不能实现的。

▶ 规划提示

阳台朝向就是房子的朝向吗

　　阳台朝向就是房子朝向的说法听起来是有一定道理的，如小两居，入户门正对客厅阳台，阳台朝南且两个卧室均朝南，那么该房朝向为南。但是如果卧室朝南，但阳台在北侧，那么北侧是房屋朝向吗？好像并非如此，因此单纯从阳台的朝向是无法判断房屋朝向的。不过判断房子的朝向最好是以见光面为依据，即房屋最大见光面的方向为房屋朝向

卧室阳台

晾晒阳台

洗衣房阳台

3 特色空间的规划

💡**要点提示：**

老人房 + 宠物之家 + 儿童房 + 家庭花园

No.1 ▶ 老人房

　　老人居室的房间应尽量挑选正南正北或正东正西的房间，因为受地球磁场的影响，老人在睡觉时最好处于南北向的方向。此外从健康的角度考虑，在选择老人房时，应避免潮湿的房间。

▶ 规划提示

老人房的格局要点

　　1）老人房不宜过大，面积在10m²左右即可，过道宽度在1m以内，老人通行搀扶方便

　　2）老人房需配置卫生间

　　3）室内必须保持良好的通风与采光

美式风格老人房

房间内的家具布置简单，以保证日常使用需求为主，合理的结构规划，让居住其中的老人行动更方便

老人房的规划技巧

可以这样为老人选择家具。如果老人腿脚不便，对此在选择日常家具时应予以充分考虑。家具应避免方正见棱见角的款式，也不应选择可折叠或带轮子的机动性强的家具，宜选择稳定性好的单件家具。床也不应太软，否则会有一种深陷其中之感，不便翻身。

让色彩勾起老人的回忆。老人常喜欢回忆过去的事情，所以在居室色彩的选择上，应偏重于古朴，平和、沉着的室内装饰颜色，这与老人的经验、阅历有关。

老人房最好带有阳台。老人的户外活动时间受健康状况和天气情况影响较大，阳台就成了重要的活动场所，其可以满足老人看风景、做操、晒太阳等必不可少的活动需求，而且阳台最好做成非封闭的，装饰尽量简洁，不应有突起、尖角或悬挂物，以便于其活动。

为老人房增设储物空间。储存对于老人房来说很重要，因为老年人爱怀旧，习惯保存有纪念意义的物品。储存空间应规划整齐，衣服等常用常取的物件应定位放置，以便于老人存取。收纳柜可以通过推拉门或平开门存取物件，柜的深度一般为600mm。

墙壁设置扶手。随着老人年事渐高，可能会出现行动不便的情况，起身、坐下、弯腰都成困难，这时，在墙壁上设置扶手可以成为他们生活的好帮手。同样，选用防水材质的扶手装置在浴缸边、坐便器与洗面盆两侧，可令行动不便的老人生活更自如。

中式风格老人房
很符合老年人的怀旧格调，宽敞的格局让室内拥有良好的通风与采光

No.2 ▶ 儿童房

扫码获取
儿童房的规划案例

儿童房的规划需要摒弃传统的房间格局, 为小朋友创造设计专属的房间布局, 有效利用每一寸空间, 让有限的房间, 创造无限的可能。

▶ **规划提示**

儿童房的格局要点

1) 房间应有良好的采光与通风

2) 家具尺寸应合理, 家具配置以安全实用为主, 二孩房可考虑上下床

3) 房间面积不宜太小, 规划应考虑使用5年以上

儿童房的功能

1) 睡觉。儿童的睡眠不仅时间长, 次数也多, 所以睡眠环境很重要

2) 玩耍。一筐玩具, 一块地毯就可以打造一个玩具角。

3) 学习。书桌和台灯是必备的

4) 收纳。儿童房的收纳工作交给孩子自己去做

儿童房的规划技巧

其实儿童房的规划不必一步到位。儿童在成长过程中, 不同的时期有不同的需求, 幼儿时期房间的陈设以玩具、游戏为主, 到了学龄期房间应有书桌椅, 再大一些则需要一些满足其兴趣爱好需求的空间, 以此配合儿童的成长, 儿童房的规划可以适当地保留调整的弹性, 这样不需大动干戈就能够适合任何年龄段的儿童居住。

二孩专属房。两个儿童的卧室, 面积不宜小于15m^2。必要时, 可以将主卧作为儿童房。两个儿童的生活区相对独立、适当隔断, 是非常有必要的。有时一个帘子, 就能让儿童内心的安全感倍增。

打造创造性角落。每个儿童都需要一个可以独处、尽情表达自我的角落, 这个角落可以是一面黑板墙, 让儿童不受约束地在此涂鸦, 也可以是一块游戏毯, 让儿童按照自己设定的规则进行游戏。

收纳学习, 从小学起。培养儿童的收纳习惯, 需要做的是降低衣柜的尺寸、增强收纳空间安全性。让儿童有能力管理自己的生活, 这些在儿童的眼里, 不是任务, 而是一种乐趣。

No.3 ▶ 宠物之家

有宠物的家庭越来越多, 宠物在人们的心中已然犹如家人般的存在; 但饲养宠物并不是那么简单容易的。因此, 在装修前也应为宠物预留出足够的活动空间, 这样能使彼此的陪伴更舒适轻松。

宠物之家的规划技巧

选择耐磨材质的地材。很多人喜欢在家里用实木地板, 但若家里计划养宠物, 建议用复合木地板和瓷砖。瓷砖也应选择有花纹且带有防滑功能的比较合适。除此之外, 对于宠物能够接触到的墙面尽量刷成可擦漆, 方便之后的打理。

为宠物打造其休息区。在进行全屋定制时, 可以为业主的爱宠预留出一块区域, 作为它们专属的休息区, 这样能使宠物更有安全感。

日常洗脚与洗澡。狗狗玩耍回来第一时间应做清洁, 简单把脚洗干净, 就能保持家里更大范围的整洁。所以有条件的情况下可在入户位置设置宠物洗脚区。对于宠物的洗澡间, 可以与家里的洗衣房合并, 方便卫生, 还能节省装修开支。

为喵星人创造一个玩耍乐园。在进行室内规划时, 为猫咪打造一面猫墙, 为猫咪提供足够玩耍、打鼾、躲藏的空间。而且壁挂式猫墙可以兼顾空间特点随心所欲地进行装饰, 美观又实用。

> ▶ **规划提示**
>
> **宠物的生活需求**
> 1) 吃、喝、睡
> 2) 洗澡
> 3) 排泄
> 4) 玩耍

No.4 ▶ 家庭花园

家庭花园是大多数人在居家生活中梦寐以求的一个小空间, 养花种草, 让一成不变的都市生活也能拥有一片绿意盎然、生机勃勃的景象。

家庭花园的规划技巧

用旧物装饰花园。砾石、旧陶瓷罐、废弃用的木梯子或低矮的树篱都可以用来装饰园, 这些旧物与鲜活富有生机的植物形成比, 足以成为吸引人目光的焦点。

漂亮而美味的蔬菜。观赏植物中混合种一些可以食用的蔬菜, 两者组合在一起, 形成了一个丰富的家庭花园。如紫叶卷心、甘蓝、鼠尾草或红色的甜菜与种植的多生植物或金色或银色叶子的草药形成对。西红柿、南瓜和草莓可以给花园增添缤的色彩, 而许多花卉的花朵或叶子可以作食用的香料。

小花园也需要层次。在面积较小的庭院, 也可以同时种植结果植物、蔬菜和草本物。但需要注意高低远近的层次搭配, 将低有别、不同颜色和品种的植物混搭在一能表现出一种质朴的田园气息。

比较适合家庭种植的植物

绣 球	凌霄花	毛杜鹃
碗 莲	铁线蕨	薰衣草
月 季	三色堇	矮牵牛
虞美人	蜀 葵	紫 薇

▶ **规划提示**

家庭花园对花盆材质的要求

任何材质或形式上的花盆或容器, 只要它能包含土壤或堆肥, 并且排水顺畅, 都可以用来种植植物。如果容器较小, 土壤中水分蒸发得较快, 则需要经常浇水

休闲型花园阳台

第6章

不可不知的收纳篇

合理的收纳能够营造出舒适的居住环境，本章涵盖了厨房、卫生间、玄关、餐厅、卧室、书房、客厅等主要生活空间的收纳技巧，将收纳细化到生活的每个角落，利用收纳技巧维持简洁、舒适的生活环境。

1 快速了解收纳的基本法则

🔔 **要点提示：**

快速拿取，整理迅速 + 使用频率决定收纳位置 + 根据使用者进行收纳 + 简洁明了的标签方便拿取

No.1 ▶ 快速拿取，整理迅速

其实正确的收纳之道不仅是能把各种物品巧妙地藏起来，更重要的是在需要它们的时候也能很快找到。存放物品应先考虑使用的方便性，在想用的时候，是否能够很快地拿到。以厨房为例，井井有条的厨房，几乎都是开放式收纳。餐具无须开门就能拿取，整理时放回原位即可。由于动作少，所以整理和准备工作都很轻松，不仅如此，后续的清洁工作也很简单。

①经常使用的餐盘等物品分类归放在开放的搁板上

②封闭的柜子里，可以收纳一些颜值不高的物品

③不只是餐具，饰品和茶具也可以放在搁板上

No.2 ▶ 使用频率决定收纳位置

经常使用的东西，应放在容易拿到的地方，把东西一个一个摆放在宽敞的地方是很容易的，而较重的物品为了取用方便不应放在高处。

①不常看的书放置在高处也具有一定的装饰作用

②经常使用的小物件可收纳在盒子里，拿取方便

③封闭的柜子可以用来放一些贵重物品

No.3 ▶ 根据使用者进行收纳

　　选择物品的存放位置时，首要考虑使用者的生活习惯，尤其是对于老人和儿童。儿童房的家具应选择质量轻不易损坏，能方便打开的，而且一定得让儿童自己也能参与收纳整理的过程。老人收纳最大的阻碍就是他们不舍得丢弃，所以老人需要收纳的物品可能会很多，收纳空间应足够。另外要考虑的就是老人力气小，应选择容易开关的储物箱，而考虑到安全不应使用带轮子的储物箱。

①色彩丰富的抽屉盒子，能激发小朋友收纳物品的欲望
②将毛绒玩具整齐摆放，装点空间
③收纳篮可以让收纳看起来更整齐，即使家里有老人拿取，也很方便

No.4 ▶ 简洁明了的标签方便拿取

　　公共区域的收纳通常是集结了一家人的物品，在进行分类收纳后，在收纳盒或收纳篮上柜上或贴上标签，表明物品主人和收纳内容，这样一来，家中每个人都能对自己的物品进行自由收纳，拿取时也不会毫无头绪。

①封闭的抽屉收纳了家里不同人的物品，取物时可以根据标注拿取
②开放的格子，则可以放些公共用品
③不常用或是较为贵重的物品，可放在下方的封闭柜子中

2 不同空间的整理与收纳

> ♡ 要点提示：
>
> **厨房收纳＋卫生间收纳＋玄关收纳＋餐厅收纳＋卧室收纳＋书房收纳＋客厅收纳＋局部空间收纳**

No.1 ▶ 厨房收纳

让厨房的烹饪工作轻松愉快，是厨房收纳的基本原则，实用的厨房布局需要做到对经常使用的东西能够马上拿取，其所在位置一眼可见，整洁有序才能让烹饪变成一种生活的享受。

扫码获取
厨房的收纳案例

吊柜开拓更多收纳空间

能够将厨房中上百件大大小小的物品方便快捷地收纳起来，是一件十分烧脑的事情。作为厨房的收纳中心，橱柜的规划布置很重要，除了设置各种抽屉之外，吊柜也是个不错的选择，它可以充分利用墙面空间，让厨房的收纳容量更大。将吊柜模块化是一种比较实用的方法，把吊柜里的大空间用收纳盒分隔成小空间，每个收纳盒上都写好里面存放物品的种类，方便拿取。吊柜中除了放置收纳盒，还可以摆放一些用于收纳五谷杂粮的收纳罐，罐子的密封性比袋子更好，查找、拿取、摆放也更便捷。

🔍 厨房中各处收纳的物品

1 吊柜收纳的物品	电饭煲、微波炉、厨师机、高压锅、咖啡机、煮蛋器等小件厨电，放在桌面上占空间，可以放在吊柜里，收纳时根据使用的频率合理摆放
2 台面收纳的物品	台面上摆放的物品往往是使用频率最高的物件，如刀具、油盐酱醋等调料罐，可采用一些可移动式置物架，协助收纳
3 墙面收纳的物品	墙面具有很强的可塑性，搁板、挂钩等收纳方式都可以，如小型锅具、汤勺、花艺绿植等

封闭与开放结合的弹性收纳系统

　　厨房内采用整体橱柜与开放式搁板结合的方式，能很好地将厨房中的物品进行分类存放。封闭的柜子可以用来存放或囤积一些生活必需品，局部的墙面设计成开放式搁板收纳、陈列一些经常使用的餐具器皿，在日常进行烹饪工作时取用十分方便。

▶ **收纳提示** ··

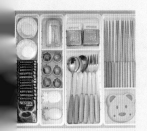

厨房用具放在盒子里，一目了然

用收纳盒子，自由划分区域，收纳形状大小各异的工具，让抽屉整齐划一

细致分割，橱柜的每一寸空间得到充分利用

水槽下方的柜子，利用置物架完成分类收纳，让经常使用的保鲜膜、厨房纸等用品一目了然

利用五金配件规划墙面收纳

分类收纳在厨房收纳工作中显得尤为重要，不同的工具和物件应按照类别或使用顺序进行分类收纳。如将经常使用又较为零碎的小工具、厨具、菜板等物件，通过挂钩收纳在厨房的墙面上，易拿易放，使用方便。还可以通过利用墙面来释放台面空间，使厨房看起来更整洁，即便东西再多也不会显得杂乱。

五金配件结合柜子收纳

▶ **收纳提示** ·································

墙面临时存放处

使用小型金属置物架管理临时使用的锅具、砧板等用品，整洁方便

开放式收纳

开放式收纳挂钩与收纳篮，让杯子、保膜、厨房纸的摆放看起来整洁有序

壁挂式收纳也能兼容展示

在烹饪过程中，将希望能够随时拿取的具挂在墙面上，方便拿取，清洁后挂起来也可节省时间，且瞬间就能做好收纳

所有杂物照单全收的墙面搁板

开放式收纳搁板的好处在于拿取可一步到位,非常便利,适合用来摆放使用频率较高的盘或客用杯子等,还可以根据喜好对搁板上的物品内容和布局进行规划和搭配。烹饪过程中用过多,无处摆放时,还可以用来充当临时料理台。

落容量超乎想象

千万别小看角落位置所具有的收纳功能。一个小小的角落,可能比一个收纳柜更实用。搭上小搁板后,各种瓶罐、杯碗瓢盆都可以收纳。

钩挂篮用起来

厨房收纳主要的问题就是用具多,所以做好分类是第一步。利用挂钩和挂篮来将物品分放置是省钱又省空间的方式。洗手盆上方、柜门等处都可以用挂钩、挂篮进行收纳。

收纳提示

属挂篮

刀、调料罐这些较为常用的物品放在结实的挂篮
方便拿取

台上置物架

双层置物架用来收纳微波炉和其他小型电器,
侧面用了S形挂钩,打蛋器、削皮器等挂在挂钩
上,易拿易放

搁板

空白的墙面刚好用来设置搁板,厨房小家电、
餐具、小工具等都能放置在上面

No.2 ▶ 卫生间收纳

扫码获取
卫生间的收纳案例

卫生间的面积通常不大，而地面收纳柜又比较占地方，这时就可以利用上部分的空间进行收纳规划，如吊柜、搁板、坐便器上方的空间等位置，将这些空间作为收纳的主要空间，能有效缓解卫生间的拥挤感。

🔍 卫生间各处收纳的物品

1 洗漱区物品	牙膏、牙刷、漱口杯、毛巾、梳子以及各类护肤品
2 沐浴区物品	洗发水、护发素、沐浴露、身体乳、毛巾、浴巾、拖鞋
3 如厕区物品	厕纸、垃圾桶、卷纸架、洁厕剂、坐便器刷
4 其他物品	电吹风、卷发棒、剃须刀等

壁龛让卫生间看起来更整洁

墙体结构允许的情况下，在沐浴区的浴缸旁或如厕区的坐便器旁的墙面上打造一个小壁龛，就可以把沐浴露、香薰、香皂、厕纸等物品放在壁龛里，这样收纳非常节省空间，同时看起来也很美观，不用额外装一个置物架，整个空间看起来更加简洁。

坐便器上方装搁板

　　坐便器上方的空间也可以用来收纳, 在坐便器的上方装几块小搁板, 再搭配一些储物篮, 这样就可以收纳不少东西了。如果担心坐便器上方放置东西会显得凌乱的话, 可以尝试定制柜子, 这样柜门关起来, 相比之下, 就清爽整洁多了。

坐便器旁放置侧边柜

　　坐便器的侧面如果还有空间的话, 可以定制一个侧边柜, 日常用品都可以收纳在这个柜子里。除了侧边柜, 还可以定制一个较高的置物柜, 这样就可以将上方的空间利用起来。

浴室柜收纳技巧

　　浴室柜是常用来收纳的空间, 台盆下面的柜子可以选带有抽屉的, 这样更方便物品分类收纳。如果浴室柜下方没有抽屉, 可以搭配一些小的储物盒进行分类收纳。

▶ **收纳提示**

化妆品工具分区盒
化妆用的小物件收纳到搁板上的盒子内, 可以连盒子一起拿到台面上使用

浴室角柜
角柜可以将狭窄的空间利用起来, 可用来收纳一些洗漱用品、纸巾或毛巾之类的物品

镜柜
浴室柜上方的镜子可以选择做成镜柜, 镜子后可以用来收纳, 这样就可以放置一些护肤品了

定制高柜，扩充收纳空间

如果卫生间空间较大，可以定制一些高柜来进行收纳。高柜每层放置收纳篮可收纳多种物品。高柜可以设置在浴室柜侧面，还可以用来收纳化妆品，使整个卫生间的收纳空间得到扩充。

规划洗衣机的位置也能用于收纳

如果洗衣机只能放在卫生间里，不妨定制一个洗衣柜，把洗衣机放置其中这样会显得更整齐。柜子上方的空间可以用来收纳一些物品，如毛巾、电吹风等。

▶ **收纳提示**

角架

角架收纳了洗浴用品，大小适中，不占空间，取物品也十分方便

免安装的五金收纳

拖鞋、毛巾、电吹风、梳子等物品都可以利用墙面的空白空间进行收纳，但需要注意其摆放的整齐性和美观度

No.3 ▶ 玄关收纳

扫码获取
玄关的收纳案例

玄关所占面积虽然不大，但是它的存在，不光只是为了连接屋内外的过渡，其收纳性能也是不可缺少的，合理利用空间并合理规划收纳，将每一件物品从鞋子、衣帽到雨伞、钥匙等物品进行合理的收纳，也是提升幸福感的重要手段。

🔍 玄关中需要收纳的物品

1 服饰配件	一家人四季的鞋子、拖鞋、大衣、外套、帽子、背包
2 生活用品	垃圾袋、电池、雨伞、钥匙、胶带、药品、指甲刀、小纸巾、笔、护肤品
3 玩具	滑板、滑板车、足球、篮球
4 装饰元素	装饰画、工艺品、艺术照、植物

收纳式换鞋凳，一举两得

在玄关处增加坐凳，能够让家人和客人都坐下来换鞋，尤其方便老人和儿童，避免其弯腰的不便和单脚站立的尴尬；箱式的坐凳还能提供储物空间，可以收纳日常更换的鞋子、背包等，收纳式的换鞋凳最好选择抽屉式，这样拿取里面的物品更方便。

有收纳功能的玄关换鞋凳

大容量的悬空柜

悬空的柜子可以营造视觉轻盈感,其下方可收纳鞋子,维持通道净空。至于其内部收纳可以搭配一些能自行调整高度的抽换式层板,这样不管是什么款式的鞋子,都能进行有效收纳。

▶ **收纳提示**

透明鞋盒
透明鞋盒除具有防尘作用外,还能清晰辨认出盒子里的物品,移动和拿取都很方便

斜板鞋柜
拿取或存放都十分方便,适用于小玄关

分层搁板
鞋柜中的分层搁板能够让鞋柜的收纳功能变得更加实用,整理起来十分方便

手挂，高度灵活

常用的帽子、围巾、挂包和钥匙之类的物品，其存无须特别的呵护和打理，可以挂放在简单灵活的墙挂钩上，这样既不占空间，而且在出门时拿取方便；钩的高度和数量配置较为灵活，可根据人数及物品类进行安装，除此之外，还可以专门为儿童增加一适合儿童身高的挂钩，以便其养成收纳的习惯。

收纳提示 ·······

洞洞板

以代替挂钩+搁板的功能，美观实用

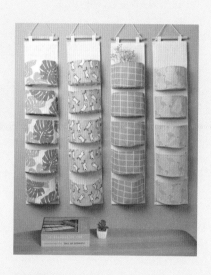

布艺收纳袋

可以随意悬挂在空白墙面上，让玄关看起来不单调，收纳空间也随之增加

编织收纳篮

可放置钥匙、钱包、杂志等物品，其自然的选材，还能提升装饰格调

No.4 ▶ 餐厅收纳

如果将杂物随意地摆放在餐厅的桌面上，会让人感觉杂乱无章。但若为餐厅添置具有收纳功能的储物柜或收纳架，用来放置一些碗碟筷、酒类、饮料类等用餐必需品，就可使整个餐厅看起来整洁有序。所以，餐厅的收纳是营造舒适用餐氛围的一个不可或缺的前提。

扫码获取
餐厅的收纳案例

🔍 餐厅中需要收纳的物品

1 装饰性物品	装饰画、植物、工艺品
2 实用性物品	杯、碗、盘、碟、隔热垫、调料罐、保鲜膜等
3 收藏性物品	酒、茶、瓷器等

开放区、非开放区差异使用

收纳柜一般会分区域使用，开放区（没有柜门）可以存放酒类、酒杯等具有装饰效果的物品；非开放区可用来存放一些酱料，以避免杂乱。

考虑操作顺序和物品的使用频率

最常用的物品尽量放置在靠近使用者的位置，便于取用，偶尔会使用的物品可放置在下层的搁板上，几乎不用的可放置在上层。大致可以按调料、小家电、餐具、杂货、库存食品等进行分类。

▶ **收纳提示** ·········

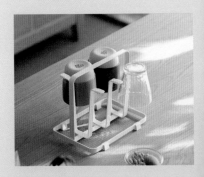

杯架

能够释放餐桌占用率的收纳神器，让杯子也成为餐桌上的美好装饰

良好的收纳习惯减少餐桌占用率

餐桌上的物品过多会直接导致餐桌占用率的增加，让餐厅看起来拥挤杂乱。合理控制餐桌的占用率应从良好的生活习惯做起，将纸巾盒、隔热垫、个人水杯以及热水壶、咖啡机等小型家电合理收纳在指定位置，以有效减少餐桌的占用率，让小餐厅看起来更加整洁。

卡座设计，节省空间，增强收纳

卡座在餐厅中的应用可谓是集功能性与装饰性于一身的设计手法，十分适用于小面积的餐厅中。卡座需要量身定做，提前规划好餐桌位置，搭配的整体感很强。卡座具备了餐椅与收纳箱的双重功能，可以为小餐厅提供更多的收纳空间。

开发留白墙面，收纳与展示两不误

餐厅的收纳主要依附于餐边柜，小餐厅中可以将留白的墙面开发成比较实用的柜体，一方面能丰富墙面的装饰效果，另一方面可用来收纳餐具。规划收纳时可以将一些颜值较高的杯子、工艺品分类陈列其中，使餐厅的装饰效果更加丰富，既实现了有序整齐的收纳，又不会产生混乱感。

▶ **收纳提示**

料架

料瓶可以放置在可旋转的调料架上，拿取时可以转取物或整个拿出来

移动收纳盒

将茶、咖啡、零食等物品放置在可移动的收纳盒里，整齐摆放，方便拿取

杂物分类盒

按照物品的形状、重量及使用频率进行归类收纳，整齐地码放在盒子中，使其一目了然

No.5 ▶ 卧室收纳

卧室收纳的重点是衣服以及床上用品。解决此类物品的收纳,主要由衣柜和挂衣架解决。挂衣架主要是常用衣物的挂放,而衣柜是各种换季衣物、被子、被套的存放。要做好卧室收纳,衣柜整理最重要。

扫码获取
卧室的收纳案例

小件衣物分类归置

内衣裤、袜子、围巾等一类体积小,又比较难找的衣物,最好的方式就是分格摆放,方取放的同时又节省出更多的空间。

不常用物品放最上面

衣物摆放的原则应以常用衣服摆放在取放方便的高度,一些棉被、被套等换季时才用的物品可以放在高处,这样才不会影响日常拿取衣物。

衣物不一定要折叠,悬挂式收纳更方便

衣物清洗后,直接分类悬挂在衣柜中的衣架上,这样在穿戴时挑选替换会十分方便。种收纳方式简单快捷,重点在于前期的整理与分类。可以根据业主的喜好进行整理归类,如按颜色、款式、功能等进行分类。

衣柜中的挂钩、挂篮

衣柜想要规划得当,一些额外的辅助工具不能少。增加悬挂空间的挂钩和挂篮,可以有地将衣物进行分类,让杂乱无章的衣柜,变得整洁又实用。

搁板增添墙面功能,减少空间浪费

卧室的空白墙面可以设置一块或几块搁板来作为展示空间,把收集的小物件、家人的片、装饰画,甚至是钟爱的手工艺品放置在上面,都极具装饰效果。

► 收纳提示

大型收纳盒

大尺寸的收纳盒最好选择透明或半透明样式,以便在换季拿取时更方便

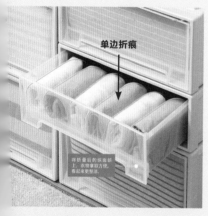

单边折痕

将折叠后的痕面朝上,衣物拿取方便,看起来更整洁。

向收纳衣物更整洁

好的衣物在收纳时,将外侧的单边折痕朝上,会显整齐,拿取也更方便

收纳围巾挂钩

围巾和领带,不适合折叠存放,分格的围巾挂钩既能化零为整又能有效分类

内衣收纳盒

分隔收纳内衣,除了拿取方便,还更加健康卫生,能够避免交叉感染

给睡衣配一个收纳篮

睡衣使用频率高,可用收纳篮统一收纳,不显凌乱

No.6 ▶ 书房收纳

书房是一个越住其使用面积越容易紧张的空间, 因为书籍、文件这些物品虽然不大, 但是却会随时增加, 这样一来, 容易使书房显得凌乱。针对书房的规划收纳, 可以借助一些格子收纳盒和收纳筒, 让有序的收纳保证工作和学习能够高效地完成。

扫码获取
书房的收纳案例

🔍 书房中需要收纳的物品

1 电器类	台灯、计算机、鼠标等各种办公用品
2 杂物类	书籍、文具、心爱小物、收藏品

根据不同高度合理规划收纳

对于书柜的规划收纳, 高处柜体可用来摆放一些饰品, 与视线保持平齐的高度可用来摆放书籍, 在此高度以下的位置, 可以做成封闭式收纳, 用来放置一些文件、药品、玩具等使用率不高的杂物, 以保证空间的整洁度。

组合收纳, 让小空间更显整洁

组合式书柜可以让收纳更加得心应手, 简约的搁板下方搭配封闭的柜门或抽屉, 上部分搁板可用来摆放或陈列一些常用的书籍, 还可以添置一些绿植或小摆件以美化书房; 下部分的封闭空间可以用来收纳一些珍贵藏品或非常用物品, 这样的收纳规划可以让小书房更整洁。

悬空的柜体设计, 让大体量的收纳柜体不显压抑

利用整墙的柜体来为书房提供收纳空间, 可以将柜体设计成悬空式的造型, 这样一方面悬空式柜体比较节省空间, 柜子的底部空间还可以用来摆放书桌; 另一方面悬空的设计造型在视觉上也更具有轻盈感, 很适合小空间使用。

利用小物件收纳

一般书房的桌面比较小但是零碎物品却比较多, 这时一些小的收纳工具就派上了用场, 如格子收纳盒和笔筒、小箱子等, 它们不仅能整理桌面、收纳杂物, 使用起来也更加方便。

▶ 收纳提示

文具放在便于拿取的位置

数量较多的文具用品, 整理在一处, 收纳于与视线平齐的位置, 可方便拿取

单的置物架, 释放书桌占用率

算机上方的空间也可以进行规划利用, 放置一些用的书或饰品都不错

五花八门的文具可以分类存放

各类学习用品存放在抽屉中, 最好分隔出各种区域归类整理

插线板也可以很有条理

插线板收纳盒让"剪不断理还乱"的各种数据线看起来更整齐

利用搁板下方空间进行收纳

剪刀、胶带、小本子等常用物品, 放在抽屉盒内, 拿取方便, 还能充分利用起搁板下方的空间

No.7 ▶ 客厅收纳

扫码获取
客厅的收纳案例

客厅的收纳可以根据其中各自物品的功能进行规划，也就是从物品的实际功能的角度考虑，然后再按照物品的使用频率，确定其在客厅中的摆放位置。

▶ **收纳提示**

客厅收纳需满足的条件

1) 客厅是否有足够的空间收纳其中的物品

2) 简化高频使用物品的存放与拿取步骤

3) 充分考虑家人的使用习惯和身体条件, 如老人、儿童拿取物品是否方便

收纳式电视墙

小型家具的补充，满足日常收纳需求

客厅的收纳功能可以通过一些小件家具进行补充, 这些小件家具以边几、边柜最具有代表性, 它们灵活且可以随意移动, 不仅能扩充客厅的储物空间, 且不会影响动线的畅通性。

利用开放式搁板展现生活细节

将电视柜设计成开放式的搁板造型, 通过搁板的高低错落或颜色变换来强调设计的层感。再通过搁板的收纳功能将一些藏品、书籍或经常使用的物品陈列其中, 让客厅收纳变成种装饰, 这样既可美化居室环境, 又可活跃空间氛围。

巧将收纳化为客厅的装饰焦点

居室内的收纳若想要更规整、更有序、更具美观性, 可以搭配一些有特色的收纳篮、收盒、收纳凳等, 这些元素往往在外形及选材上会有一些别出心裁之处, 经过精心搭配之后, 仅有益于收纳, 也会成为客厅中的装饰小亮点。

多而不乱的收纳规划

　　最适宜的收纳就是在视觉上呈现出干净、整洁之感。推荐的做法是选用封闭式与开放式相结合的收纳柜，将一些能使视感产生混乱的物品或是不经常使用的物品收纳在封闭的柜体中，而一些颜值与使用率较高的物品则可以摆放在开放式的搁板上，而这些物品的摆放可以根据其颜色、形状、类别或使用频率进行归类。

▶ **收纳提示**

多功能盒子适合收纳小物品

经常使用的物品用多功能的盒子收纳，各种物品被整齐收纳，带来的视觉感十分舒适

物品按层分区

每人一层的分类归放物品，可以明确每个人的私人区域，防止随手乱放

开启方便的收纳盒

小朋友的玩具通常被收纳在客厅中，用开启方便的盒子存放，以便儿童拿取，也能促使其养成及时收纳的好习惯

统一的物品可以隐藏收纳

颜色各异的杂物可以放置在带盖的盒子里，这样在外看不到，既美化视觉，拿取也很方便

No.8 ▶ 局部空间收纳

扫码获取
局部空间的收纳案例

合理规划阳台收纳闲置物

洗衣机+阳台柜。如果洗衣机是摆放在阳台上,可以定制一个阳台柜,将洗衣机嵌入阳台柜里面,这样阳台看起来会更加整洁,同时阳台柜上方可以增加储物空间,用来存放洗衣液、清洁剂等清洁用品,这样拿取也会十分方便。

整墙式高柜。在阳台两侧的墙面上打造用于收纳的整墙式高柜,以增添空间的收纳功能,这样的高柜即使是吸尘器这样的长形物品都可以收纳,且还能存放一些闲置物品。多层的柜体不会占用太多空间,但装饰性与功能性兼备。

阳台洞洞板。阳台上除了可以定制阳台柜以外,还可以利用墙面上的空间,装一块洞洞板,以满足收纳功能的需求,家里的小件清洁工具或者吸尘器都可以收纳在洞洞板上。

玩具收纳架。家里如果有儿童,阳台还可以变身为玩具室,铺上一张地毯,儿童就可以在阳台上玩耍了,再在这里摆放一个收纳架,搭配多个收纳盒,这里还可以成为玩具收纳区。

花架增加收纳空间。在阳台摆放一个多层花架,花架除了可以摆放花盆,也可以摆放一些其他的物品,也能增加收纳空间。

▶ **收纳提示**

收纳杂物的高柜
将物品按照使用频率进行分类放置,高柜的大容量也提升了收纳效果

利用洗衣机上方空间,缓解收纳空间不足
洗衣机上方运用了多层收纳架,可以用来放一些毛巾及生活用品,保留其开放式的格局,取更方便

地台可以实现的装饰性收纳

地台是生活中常见的装修设计,将紧贴地面的地台设计成推拉式的抽屉,可以增强空间的收纳功能,抽拉式的开关方式可使拿取物品更方便。

榻榻米是收纳闲置物品的最佳选择

有序收纳物品,才能让收纳变得轻松。榻榻米的内部空间很大,可以用于存放一些换季衣物、被褥以及闲置物品。利用收纳筐、收纳篮或收纳格子做好内部的规划分区,将拿取率不高的物品放在里面,使收纳因此变得更加有序而倍感轻松。

▶ **收纳提示**

可视防尘收纳袋

无纺布材质的收纳袋,防尘性能好,且兼顾了透气性与防潮性

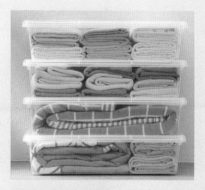

收纳盒分隔榻榻米或地台

换季衣物在放置于收纳盒中之后可收纳在榻榻米或地台中,这样翻找时可以整个拿出来,从而简化拿取的步骤

盛放杂物的布艺收纳袋

根据使用习惯,将物品归类摆放在收纳袋中,可以让开放的搁板看起来更加整齐,无盖设计使拿取物品更加便捷

隔断是承担收纳与装饰的最佳担当

隔断不仅用于分隔空间, 也可作为日常生活中的主要收纳空间, 这样的设计不仅可以节省空间, 还增加了收纳空间, 既美观又实用, 一举两得。隔断收纳应注意其美观性, 必要时可利用一些颜值较高的收纳工具来进行修饰。

利用楼梯的坡度收纳

复式户型, 楼梯是少不了的, 或者是儿童房上下床的楼梯, 这样的空间都是可以利用起来扩充为收纳空间。

利用角落空间合理收纳

每个房间都有不常用的角落, 即使定制家具也不例外, 在这些容易被忽视的地方放置一些小件家具、收纳箱或是设立搁板, 都可以让空间得到充分利用。

▶ 收纳提示

软木板也能化身收纳神器
软木板可以用来收纳一些信件、照片、明信片等物品, 巧妙地将这些充满回忆的物品转化成美妙的装饰元素

婴儿用品细致分区, 方便拿取
室内的角落收纳可以利用一个移动的收纳车实现, 收纳的物品经过细致的分类, 每一件处于易拿取的位置

真空收纳更节省空间
真空收纳袋在一定程度上可以缩小收纳物品体积, 且不易滋生细菌, 安全而健康